人生哲学

冯友兰 —— 著

华东师范大学出版社

图书在版编目（CIP）数据

人生哲学 / 冯友兰著. —上海：华东师范大学出版社，2024. —ISBN 978-7-5760-5263-3

Ⅰ.B821

中国国家版本馆 CIP 数据核字第 20249EQ391 号

人生哲学

著　　者　冯友兰
责任编辑　乔　健　梁慧敏
责任校对　姜　峰　时东明
装帧设计　吕彦秋

出版发行　华东师范大学出版社
社　　址　上海市中山北路 3663 号　邮编 200062
网　　址　www.ecnupress.com.cn
电　　话　021-60821666　行政传真　021-62572105
客服电话　021-62865537
门市（邮购）电话　021-62869887
地　　址　上海市中山北路 3663 号华东师范大学校内先锋路口
网　　店　http://hdsdcbs.tmall.com

印 刷 者　三河市中晟雅豪印务有限公司
开　　本　710×1000　16 开
印　　张　13.5
字　　数　187 千字
版　　次　2025 年 1 月第 1 版
印　　次　2025 年 1 月第 1 次印刷
书　　号　ISBN 978-7-5760-5263-3
定　　价　39.80 元

出 版 人　王　焰

（如发现本版图书有印订质量问题，请寄回本社市场部调换或电话 021-62865537 联系）

目　录

人生哲学

自序 / 003

第一章　绪论 / 005

第二章　浪漫派——道家 / 016

第三章　理想派——柏拉图 / 029

第四章　虚无派——叔本华 / 045

第五章　快乐派——杨朱 / 056

第六章　功利派——墨家 / 068

第七章　进步派——笛卡儿、培根、飞喜推 / 087

第八章　儒家 / 105

第九章　亚力士多德 / 120

第十章　新儒家 / 134

第十一章　海格尔（即黑格尔）/ 144

第十二章　一个新人生论（上）/ 152

第十三章　一个新人生论（下）/ 170

一种人生观

　　一种人生观 / 187

　　附录　人生哲学之比较研究（一名天人损益论）/ 203

人生哲学

自　序

　　1921年，我在哥伦比亚大学哲学系"系会"中，宣读一篇论文，题为《中国为何无科学——对于中国哲学之历史及其结果之一解释》(Why China Has No Science: An Interpretation of the History and the Consequences of Chinese Philosophy)。此文于次年（1922年）4月登入《国际伦理学杂志》(The International Journal of Ethics)32卷3号。以后我又从同一观点观察西洋哲学，亦颇有所发现；遂用英文写成《人生理想之比较研究》（一名《天人损益论》）一书。此书于1923年夏作成；当时师友颇主张将其在纽约印行，适我返国仓猝，未及与出版家接洽妥协，遂以中止。此书后于1924年冬由商务印书馆出版，于1925年春再版。1923年冬，我往曹州山东省立第六中学讲演，以后整理讲演稿，作成《一种人生观》一文。此文由商务印书馆印入其所发行之"百科小丛书"内，于1924年10月出版。

　　现在这本书，自第一章至第十一章，可以算是《人生理想之比较研究》之中文本；其中虽不少改动之处，而根本意思则一概仍旧。此书之第十二、第十三两章，大体与《一种人生观》相同，但内容扩大，而根本意思亦有更趋于新实在论之倾向。

　　关于此书所引用诸书之版本、出版地点、时期等，均已详于《人生理想之比较研究》英文本所附之引用书目中，所以此书亦不再赘；阅者如愿查考，请参看彼书。

此书第六章中所引《墨子》，有时直依校改字句，未加声明。盖于无关宏旨之处，姑以省烦琐为佳耳。

　　对于帮助我写《人生理想之比较研究》之诸师友，如杜威先生等，我已于彼书序文中表示感谢之意。此书写成后，又承徐旭生（炳昶）先生、傅佩青（铜）先生、黄离明（建中）先生、周涤笙（作仁）先生、汤锡予（用彤）先生、邓叔存（以蛰）先生，指教校阅，李伯嘉先生招呼印行，我于印成此书之机会，特向助我者表示感谢之意。

冯友兰
1926 年 4 月于北京

第一章

绪论

第一节 哲学与人生

人生哲学一名词，近在国内，甚为流行；但其意义，究为何若？所谓人生哲学者，其所研究之对象为何？其所以别于伦理学者安在？其中派别有几？吾人讲人生哲学，应取何法？凡此及类此诸问题，俱应先讨论。

欲明何为人生哲学，须先明何为哲学。但关于何为哲学之问题，诸家意见，亦至纷歧；本书篇幅有限，势难备举众说，今姑将个人意见，约略述之。

人生而有欲；凡能满足欲者，皆谓之好（此段所说，于本书第十二章中，当更详论。此所论好，即英文good之义，谓为善亦可；不过善字之道德的意义太重，而道德的好，实只好之一种，未足以尽好之义。若欲谓好为善，则须取孟子"可欲之谓善"之义）。若使世界之上，凡人之欲，皆能满足，毫无阻碍；此人之欲，彼人之欲，又皆能满足而不相冲突；换言之，若使世界之上，人人所认为之好，皆能得到而又皆不相冲突，则美满人生，当下即是，诸种人生问题，自皆无从发生。不过在现在世界，人所认为之好，多不能得到而又互相冲突。如人欲少年，而有老冉冉之将至；人欲长生，而民皆有死。又如土匪期在掠夺财物，被夺者必不以为好；资本家期在收取盈余，劳动者及消费者必不以为好。于是此世界中，乃有所谓不好［此所谓不好，即英文 evil 之义，谓为恶亦可，不过亦须取其最广之义耳。哲学中普通谓不好有两种：一物质的不好（physical evil），如老、病、死是；一道德的不好（moral evil），如欺诈、凶残是；泛言不好，则包斯二者］；于是此实际的人生，乃为甚不满人意。于是人乃于诸好之中，求唯一的好（即最大最后的好）；于实际的人生之外，求理想人生；以为吾人批评人生及行为之标准。而哲学之功用及目的，即在于此。故哲学者，求好之学也［此在世界哲学史中，有极多证据。我以为哲学与科学之区别，即在哲学之目的在求好，而科学之目的在求真。关于此点诸辩论，已详拙著《人生理想之比较研究》（商务印书馆出版）英文本第 243 页，《一种人生观》（商务印书馆"百科小丛书"内）附录，及《对于哲学及哲学史之一见》（《太平洋杂志》第四卷第十期），兹不再赘］。

　　哲学家中有以哲学即是批评人生者，美国哲学家罗耶斯（J. Royce）说："哲学，在其字之根本意义，不是僭妄的努力，欲以超人的灼见，或非常的技能，解释世界之秘密。哲学之根源及价值，在批评的反省人之所为；人之所为是人生；对于人生之有组织的、彻底的批评，即是哲学。"（见罗耶斯《近代哲学之精神》第 1 至 2 页）此以哲学为人生批评。不过批评人生，虽为哲学之所由起，及其价值之所在，但未可因此即谓哲学即是批评之自身。凡批评之时，吾人（一）必先认所批评者为有不满意、不好、不对之处；（二）必先有所认为满意，所认为好，所认为对者，以为批评之标准。不然，则批评即无自起，即无意义。即如鲁迅《风波》中之九斤老太"常说伊青年的时候，天气没有现在这般热，豆子也没有现在这般硬；总之现在的时世是不对了"。伊以现在的时世为不对，必有伊所认为对者。伊虽未曾具体地说明何者为对，但至少我们可知，对的天气必不是这般热，对的豆子必不是这般硬，对的小孩必重九斤。伊所认为对者，即是伊的批评之标准。我故意借此戏论，以证我的庄语；因由此可见，即最不经意的批评，亦皆涵有批评之标准；至于正式的、严重的批评，必待批评之标准，更为易见。布鲁台拿斯（Plotinus）说："若对于好没有一种知识，则此是不好之话，即不能说（《全集》英译本第 745 页）。"老子说：“天下皆知美之为美，斯恶矣；皆知善之为善，斯不善矣。”(《道德经》第二章)此言虽不错，但吾人亦可以说：天下皆知恶之为恶，斯美矣；皆知不善之为不善，斯善矣。九斤老太知天气之这般热为不善，则天气之非这般热之为善，已可概见，此即一例，余可类推。

由此可见，凡若使批评可能，则必先有一批评之标准，此标准必为批评者所认为之理想的（固然也有批评者不得已而求其次，用不甚理想的标准，以批评其所批评。但已知其标准之为次，则仍必有其所认为之理想的标准），至其果为实际的与否，则无大关系。所谓理想有二义：（一）最好至善之义，（二）最高观念之义。例如柏拉图《共和国》所说之圣王政治，即是其所立之理想的标准，以批评当时政治者。此圣王政治就其自体方面言，即柏拉图所认为之理想政治，最好至善之政治；就人之知识方面言，则即柏拉图之政治理想，对于政治之最高观念。凡此皆以眼前之对象为不满意，不好，不对，而以其所认为满意，所认为好，所认为对者为标准，而批评之。至于批评人生，亦复如是。吾人若以实际的人生为不好而批评之，则必有所认为之好人生，以为批评之标准。此好人生，就其自体方面言，即是理想人生，最好至善之人生；就人之知识方面言，即是人生理想，对于人生之最高观念。人生理想，即是哲学。所以批评人生，虽为哲学之所由起及其价值之所在，但批评之自身未即是哲学，而批评之标准方是哲学也。

杜威先生谓哲学乃所以解决人生困难；此与以上所说，正相符合。实际的人生所以不满人意，正因其有困难（人生之困难，可分为普通、特殊两种：特殊困难乃有时有地而有，普通困难乃随时随地而有。劳苦、饥饿等，属于前者；生、老、病、死等，属于后者。唯因人生有普通困难，所以即社会安宁、人民康乐之时，人生亦为不满人意。固不必如近人所说，必政治扰乱、社会不安，乃有哲学发生也）。理想人生正是人之一种生活，于其中可以远离诸苦。故哲学，就一方面说，乃吾人批评人生之标准，就又一方面说，亦乃吾人行为之标准。人之举措设施，皆所以遂其欲，所以实现其所认为之好。理想人生是最好至善的人生，故人之行为，皆所以实现其所认为之理想人生，其所持之哲学。"贪夫殉财,烈士殉名,夸者死权,众庶凭生",此四种人之行为不同,正因其所认为之理想人生有异。

问:人人既皆有其理想人生,有其哲学,则何以非人人皆哲学家?答:普通人虽皆有其理想人生,有其哲学,但其哲学多系从成说或直觉得来。哲学家不但持一种哲学,且对其哲学,必有精细的论证,与有系统的说明,所谓其持之有故,其言之成理。哲学家与普通人之区别,正如歌唱家与普通人之区别。人当情之所至,多要哼唱一二句;然歌唱家之唱,因其专门的技术,与普通人之唱固自不同。故普通人虽皆有哲学,而不皆为哲学家。

柏拉图说:

> 天上盖有如此之国(理想国)之模型,欲之者可见之,见之者可身遵行之。至于此世界果有或果将有如此之国否,则为彼有见者所不计,盖彼必将依如此之国之律令以行,而非此不可矣。(《共和国》第592节)

哲学与人生之关系,亦复如是。

第二节 哲学及人生哲学

问:普通多谓哲学之目的,在于综合科学,以研究宇宙之全体,今如此说,岂不缩小哲学之范围耶?答:如此说法,并不缩小哲学之范围。哲学之目的,既在确定理想人生,以为吾人在宇宙间应取之模型及标准,则对于宇宙间一切事物以及人生一切问题,当然皆须作甚深的研究。严格地说,吾人若不知宇宙及人在其中之地位究竟"是"如何,吾人实不能断定人究竟"应该"如何。所以凡哲学系至少必有其宇宙论及人生论。哲学固须综合科学以研究宇宙之全体,然其所以如此者,固自有目的,非只徒为"科学大纲"而已。

希腊哲学家多分哲学为三大部：

物理学（Physics）
伦理学（Ethics）
论理学（Logic）

此所谓 Physics，即今所谓 Metaphysics，近人所译为"形上学"或"玄学"者。此所谓伦理学及论理学，其范围亦较现在此二名所指为广。以现在之术语说之，哲学包涵三大部：

宇宙论，目的在求一对于世界之道理（a theory of the world）
人生论，目的在求一对于人生之道理（a theory of life）
知识论，目的在求一对于知识之道理（a theory of knowledge）

此三分法，自柏拉图以后，至中世纪之末，普遍流行[讲此三分法最清楚者，当推斯多噶学派（Stoics）。彼谓"哲学有三部分，即物理学，伦理学，及论理学是也。当吾人考察宇宙及其中所包之物，此即是物理学；当我们研究人生，此即是伦理学；研究推理，此即是逻辑或曰辩证学（Dialectic）"（Bakewell: *Source Book in Ancient Philosophy* 第 269 页）。"他们将哲学与一动物比较，以骨及筋比论理学，以血肉比自然哲学（按即所谓物理学），以灵魂比伦理哲学。他们又将哲学与一鸡卵比较，名论理学为卵壳，伦理学为卵白，自然哲学为卵黄。又与一膏腴之地相较，论理学即其周围之墙垣，伦理学即果实，自然哲学即土地或果树。"（同上书第 270 页）]；即至近世，亦多用之（看 Paulsen: *Introduction to Philosophy* 英译本第 44 页）。此外他种分法固多，然究未若此三分法之为合理且有历史的根据也。

就上三分中，若复再分，则宇宙论可有两部：

一研究"存在"之本体，及"真实"之要素者，此是所谓本体论（Ontology）；

一研究世界之发生及其历史,其归宿者,此是所谓宇宙论(Cosmology 狭义的)。

人生论亦有两部:

　　一研究人究竟是什么者,此即人类学、心理学等;
　　一研究人究竟应该怎者,此即伦理学(狭义的)、政治哲学等。

知识论亦有两部:

　　一研究知识之性质者,此即所谓知识论(Epistemology 狭义的);
　　一研究知识之规范者,此即所谓论理学(狭义的)。

就上三部中,宇宙论与人生论,相即不离,有密切之关系。一哲学之人生论,皆根据于其宇宙论。如杨朱以宇宙为物质的、盲目的、机械的,故人生无他希望,只可追求目前快乐。西洋之伊壁鸠鲁学派(Epicureanism)以同一前提,得同一断案。又如中国道家以宇宙为"自然"之表现,凡物顺性而行,即为至好,故人亦应顺性而行,除去一切拘束。西洋哲学中之浪漫派(Romanticism),亦以同一前提,得同一断案。由此可见,诸哲学之人生论不同,正因其宇宙论不同。哲学求理想人生,必研究宇宙,必综合科学,其所以亦正在此。哲学家中,有以知识论证成其宇宙论者〔如柏克立(Berkeley)、康德(Kant),以及后来之知识论的唯心派(Epistemological idealism),及教之相宗等〕,又有因研究人之是什么而连带及知识论者〔如陆克(Locke)、休谟(Hume)等〕。究竟知识论与人生论无极大的关系;所以中国哲学,竟未以知识问题为哲学中之重要问题。然此点实无害于中国哲学之为哲学。

　　哲学之功用、目的,及其中之部分既明,则本章开始所提诸问题,当有不烦详说而自解决者矣。人生哲学即哲学中之人生论,犹所谓自然哲学，乃哲学中之宇宙论也。伦理学乃人生哲学之一部，犹物理学乃所谓自然哲学之一部也。哲学以其知识论之墙垣，宇宙论之树木，生其人生论之果实；讲人生哲学者即直取其果实。哲学以其论理学之筋骨，自然哲学之血肉，养其人生论之灵魂；讲人生哲学者即直取其灵魂。质言之，哲学以其对于一切之极深的研究，繁重的辩论，以得其所认为之理想人生；讲人生哲学者即略去一切而直讲其理想人生。由斯而言，则人生哲学又可谓为哲学之简易科也。

第三节　哲学家之"见"与"蔽"

问：上既云人生论与宇宙论有密切关系，哲学家中又有以知识论证成其宇宙论者，岂可从哲学中分出人生哲学而单独讲之耶？答：本不可也，所以如此者，只为便于讲说而已。宇宙本不可分也，而科学分之者，亦只为便于研究而已。凡哲学家之思想皆为整个的。凡真正哲学系统，皆如枝叶扶疏之树，其中各部（实亦无所谓各部），皆首尾贯彻，打成一片。威廉·詹姆士（James）谓哲学家各有其"见"（vision）；又皆以其"见"为根本意思；以此意思，适用于各方面；适用愈广，系统愈大（见所著 *A Pluralistic Universe*）。孔子说："吾道一以贯之。"其实各大哲学家，皆有其"一"以贯其哲学。

中国哲学家中，荀子颇善于批评哲学。他以为哲学家皆有所见。他说："慎子有见于后，无见于先。老子有见于诎，无见于信（同伸）。墨子有见于畸，无见于齐。宋子有见于少，无见于多。"（《荀子·天论篇》）他又以为哲学家皆有所蔽。他说："墨子蔽于用而不知文；宋子蔽于欲而不知得（同德）；慎子蔽于法而不知贤；申子蔽于势而不知智；惠子蔽于辞而不知实；庄子蔽于天而不知人。"（《荀子·解蔽篇》）詹姆士谓："若宇宙之一方面，引起一哲学家之特别注意，彼即执此一端，以概其全。"（见所著 *A Pluralistic Universe*）故哲学家之有所蔽，正因其有所见。唯其如此，所以大哲学家之思想，不但皆为整个的，而且各有其特别精神，特殊面目。

唯其如此，所以世界之上，并无"哲学"。一家哲学，既自有其特别精神，特殊面目，则自是"一家的"哲学，而非"哲学"，犹之"白马非马"。将来虽未可知，但自有史以来，以至现在，世界之上，并无"哲学"，只有"许多哲学"（There is no philosophy as such; there are philosophies only）。现在哲学家所立之道理，大家未公认其为是；已往哲学家所立之道理，大家亦未公认其为非。古今诸大哲学家，"地丑德齐"，莫能相下；"群龙无首"，正哲学界之情形也。

世界之上，既无"哲学"，而只有"许多哲学"，则当然亦无"人生哲学"，而只有"许多人生哲学"。然则吾人果将讲何人之人生哲学耶？此许多人生哲学，皆有其"见"，皆"持之有故，而言之成理"；吾人势不能"罢百家而定一尊"，只述吾人所认为对者，而将其余一概抹杀。本书于第二章至第十一章中，将世界哲学史中之重要的人生论，俱分派叙述，主在指出其所持之故，所言之理，亦间附批评，指出其所蔽。所以不惮烦者，固因研究学问之方法不能不如此，而亦欲使学者于遍览诸派学说之后，养成所谓容忍之态度也。

人生许多悲剧，皆起于威廉·詹姆士所谓"人之盲目"。人皆自见其是而不见人之是；凡他人所言所行，与自己所认为对之见不合者，即斥为邪说谬行，目为洪水猛兽；甚且滥用强权，铲除异己。历史中此类事甚多，如孔子之杀少正卯，西洋旧教徒之杀新教徒，宗教家之杀科学家，即其显例。在此等情形中，往往双方用意，俱未尝不善；俱未尝不自以为其所言所行，为至当而不可易；然而卒至于相残害，可悲孰甚？推其所以如此，盖由此方不知彼方所言所行，亦自有相当的理由耳。若吾人对于诸派人生哲学，俱知其意，则可知此宇宙是多方面的，人因其观点不同，故见解亦异；而见解虽异，固不害其俱有相当的理由。如此则吾人可养成一种容忍之态度；有此态度，则人与人之间，较易调和，而人生悲剧，亦可减少矣。

自又一方面言之，人生哲学与吾人之行为有关。吾人之行为，只能取一标准；杨朱纵欲，及佛教之绝欲，势不能取而并行之。故吾人虽一方面，承认诸派人生哲学之皆有相当的价值；而在别一方面，则又不能不求一吾人所认为较对之人生哲学，以为吾人行为之标准。所以于本书第十二、第十三章中，糅合众说，立一新人生论，即以之为吾人所认为较对之人生哲学焉。

第四节　人生哲学之派别

宇宙有多方面；若有一方面引起一哲学家之特别注意，则彼即执此一端，以概其全；詹姆士所说，已如上述。究竟宇宙果有几多方面耶？概括言之，吾人所经验之事物，不外天然及人为两类。自生自灭，无待于人，是天然的事物。人为的事物，其存在必倚于人，与天然的恰相反对。吾人所经验之世界上，既有此两种事物，亦即有两种境界。现在世界中，有好有不好，已如上述；哲学家中有有"见"于天然之好，即以天然境界为好，而以人为境界为不好之起源者；亦有有"见"于人为境界之好，即以人为境界为好，而以天然境界为不好之起源者。如老子说："绝圣弃智，民利百倍；绝仁弃义，民复孝慈；绝巧弃利，盗贼无有。"（《道德经》十九章）主张返于"小国寡民"之乌托邦。而近代西洋哲学家，如培根（Bacon）、笛卡儿（Descanes）之流，则主张利器物，善工具，战胜天然，使役于人。其实两境界皆有其好的与其不好的方面。依老子所说，小国寡民，抱素守朴，固有清静之好；然亦有孟子所谓，"洪水横流，草木畅茂，禽兽逼人"之不好。主战胜天然者所理想之生活富裕，用器精良，固有其好；而五色令人目盲，五声令人耳聋；老子之言，亦不为无理。此皆以不甚合吾人理想之境界为理想境界。此等程序，谓之理想化（idealization）。哲学家亦非有意好为理想化，特多为其"见"所蔽耳。

实际的世界，有好有不好；实际的人生，有苦受亦有乐受。此为事实，无人不知；哲学史中大哲学家亦无不知；其所诤辩，全在对于此事实之解释及批评。就以上所说，略加推广，则哲学史中，有一派哲学家以现在之好为固有，而以现在之不好为起于人为。依此说则人本来有乐无苦，现在诸苦，乃其自作自受，欲离诸苦，须免除现境，返于原始。诸宗教中之哲学，大都持此说法。又有一派哲学家，则以现在之不好，为世界之本来面目，而现在之好，则全由于人力。依此说则人本来有苦无乐，以其战胜天然，方有现在之情形；若现在世界，尚未尽如人意，则唯有再求进步而已。中国哲学史中，性善与性恶之辩——即一派哲学家谓人性本善，其恶乃由于习染；一派则谓人性本恶，其善乃由于人为（即荀子所谓伪）——为一大问题。而希腊哲学史中，"天然或人定"之争——即一派哲学家谓道德根于天然，故一而不变；一派则谓纯系人意所定，故多而常变（参看第三章第一节）——欧洲近古哲学中，有神与无神之辩——即谓宇宙系起于非物质之高尚原理抑系仅由盲力——亦为难解决的问题。凡此诸争辩，其根本问题，即是好及不好之果由于天然或人为；"好学深思之士，心知其意"者，当自知之。

既有如此相反的哲学，则其实现之之道，亦必相反。道，路也；此所谓道，正依此义。上所说之哲学，其一派谓人为为致不好之源；人方以文明自喜，而不知人生苦恼，正由于此。若依此说，则必废去现在，返于原始。本老子所谓"日损"（《道德经》四十八章），今姑名此派哲学曰损道。其他一派则谓，现在世界，虽有不好，而比之过去，已为远胜；其所以仍有苦恼者，则以吾人尚未十分进步，而文明尚未臻极境也。吾人幸福，全在富有的将来，而不在已死的过去。若依此说，则吾人必力图创造，以人力胜天行，竭力奋斗，庶几将来乐园不在"天城"〔City of God，西洋中世纪宗教家圣奥古斯丁（St. Augustine）所作书名〕而在"人国"（Kingdom of Man，培根 Novum Organum 中语）。本老子所谓"日益"，今姑名此派哲学曰益道。

此外尚有一派，以为天然人为，本来不相冲突；人为乃所以辅助天然，而非破坏天然；现在世界，即为最好；现在活动，即是快乐。今姑名此派曰中道。

尚有言者，即属于所谓损道诸哲学，虽主损，而其损之程度，则有差别。上述中国道家、老庄之流，以为现在的世界之天然境界即好，所须去掉者只人为的境界而已。此派虽主损而不否认现世。今名此派曰浪漫派。柏拉图以为现在的世界之上，尚有一完美的理想世界。现在世界之事物是相对的，理想世界之概念是绝对的。现在世界可见而不可思，理想世界可思而不可见。今名此派曰理想派。佛教及西洋近代叔本华之哲学，亦以为现在世界之上，尚有一完善美满的世界。但此世界，不但不可见，且亦不可思，所谓不可思议境界。今名此派曰虚无派。属于所谓益道诸哲学，虽皆主益，而其益之程度，亦有差别。如杨朱之流以最大的目前快乐为最好境界；目前舒适，即是当下"乐园"。今名此派曰快乐派。如墨子功利家之流，以为吾人宜牺牲目前快乐而求将来较远最大多数人之安全富足繁荣。今名此派曰功利派。西洋近代哲学家，如培根、笛卡儿等，以为吾人如果有充分的知识、权利与进步，则可得一最好境界，于其中可以最少努力而得最多的好；吾人现宜力战天然，以拓"人国"。今名此派曰进步派。至于属于所谓中道诸哲学，则如儒家说天及性，与道家所说道德颇同；但以仁义礼智，亦为人性之自然。亚力士多德继柏拉图之后，亦说概念，但以为概念即在感觉世界之中，此世界诸物之生长变化，即所以实现概念。宋、元、明诸哲学家，颇受所谓"二氏"之影响，但不于寂灭中求静定，而谓静定即在日用酬酢之中。西洋近代哲学，注重"自我"；于是"我"与"非我"之间，界限太深；海格尔（Hegel）之哲学，乃说明"我"与"非我"，是一非异；绝对的精神，虽常在创造，而实一无所得。合此十派别而世界哲学史上所已有之人生哲学之重要派别乃备。此但略说，详在下文。

第二章

浪漫派——道家

中国之道家哲学，老庄之流，以为纯粹天然境界之自身，即为最好；自现在世界减去人为，即为至善。今将其人生论及其所根据之宇宙论，分析叙述，以见此派所持之理论。

第一节 所谓道德之意义

道家亦称道德家（司马谈《论六家要旨》）；盖道与德乃道家哲学之二根本观念；故须先明其义。老子谓道"周行而不殆"（《道德经》二十二章）。庄子谓道"无所不在"；又云：

> 汝惟莫必，无乎逃物；至道若是，大言亦然。周，遍，咸三者，异名同实，其指一也。（《知北游》）

故道非超此世界之上，而实在此世界之内。此与柏拉图之"好之观念"大不同矣（参看下章）。又《庄子·大宗师》篇中谓道"自本自根，未有天地，自古以固存；神鬼神帝，生天生地"。郭象注云：

> 无也，岂能生神哉？不神鬼帝而鬼帝自神，斯乃不神之神也；

不生天地而天地自生，斯乃不生之生也。

又郭象《齐物论注》有一节说天籁者，颇可与此注相发明；彼云：

> 夫天籁者，岂复别有一物哉？即众窍比竹之属，接乎有生之类，会而共成一天耳。无既无矣，则不能生有；有之未生，又不能为生；然则生生者谁哉？块然而自生耳……自己而然，则谓之天然。天然耳，非为也……故物各自生，而无所出焉，此天道也。

道亦非别有一物，居天地鬼神之上而生天生地，神鬼神帝也。天地万物，"块然而自生"，"非为也"。此皆本无以生之而自然而生；此全体之自然，"会而共成"一道。道即自然之总名也。老子云："道法自然。"（《道德经》二十五章）其实道即自然也。

耶教以上帝为创造者，天地为所创造者。此则能生所生，是一非异。故言道生天地万物，即是言天地万物之自然而生；以道解释天地万物之起源，即是以不解释解释之也。故郭象谓道"无所不在，而所在皆无也"（《大宗师注》）。欧洲哲学家斯宾诺莎（Spinoza）所说上帝，与此所谓道极相似。不过彼主决定论，此主自由意志耳（参看下第十三章第三节）。

唯道即是天地万物之自然，故道能"无为而无不为"。老子谓道"万物作焉而不辞，生而不有，为而不恃，功成而弗居"（《道德经》二章）。庄子亦云：

> 吾师乎！吾师乎！鳌万物而不为义，泽及万世而不为仁，长于上古而不为老，覆载天地刻雕众形而不为巧：此所游已。（《大宗师》）

所以者，道本即天地万物全体之自然，非别有一物，超乎天地万物之上；故万物之自生自长，自毁自灭，一方面可谓系道所为，一方面亦可谓系万物之自为也。"吾何为乎？何不为乎？夫固将自化。"道若能言，必如此说。

道家常谓道为"无";一方面言道生万物,一方面又言"天地万物生于有,有生于无"(《道德经》四十章)。盖因道本非别为一物,超乎天地万物之上也,然又不能谓为直等于零,因其即天地万物全体之自然也。所以老子云:

> 视之不见名曰夷;听之不闻名曰希;抟之不得名曰微;此三者不可致诘,故混而为一。其上不皦,其下不昧,绳绳不可名,复归于无物;是谓无状之状,无物之象,是谓惚恍。(《道德经》十四章)
>
> 道之为物,惟恍惟惚。惚兮恍兮,其中有象;恍兮惚兮,其中有物。(《道德经》二十一章)

以恍惚言道,亦可谓善于形容矣。

至于所谓德者,老子云:"道生之,德畜之。"(《道德经》五十一章)庄子云:

> 泰初有无,无有无名;一之所起,有一而未形;物得以生谓之德;未形者有分,且然无间谓之命;留动而生物,物成生理谓之形;形体保神,各有仪则,谓之性。(《天地》)

泰初有"无",无即道也。德者,得也;"物得以生谓之德"。由此而言,则天地万物全体之自然,即名曰道;各物个体所得之自然,即名曰德,故老子谓道生万物而德畜之也。德即各物之所分于道者;其分已显,则谓之命;成为具体的物,则谓之形;形体中之条理仪则,即是性也。惟因道德同是自然,故道家书中,道德二字,并称列举。江袤云:

> 道德实同而名异……无乎不在之谓道,自其所得之谓德。道者,人之所共由;德者,人之所自得也。试以水为喻。夫湖海之涵浸,

与坳堂之所畜，固不同也；其为水有异乎？江河之倾注，与沟浍之湍激，固不同也；其为水有异乎？水犹道也，无乎不之；而湖海坳堂，江河沟浍，自其所得如是也。谓之实同名异，讵不信然？（焦竑《老子翼》卷七引）

江氏谓道者人之所共由，德者人之所自得，颇能说明道德之所以同，及其所以异。不过庄子之意，则应云：道者物（兼人言）之所共由，德者物之所自得耳。

第二节　何为幸福

凡物各由其道而得其德，即是凡物皆有其自然之性。苟顺其自然之性，则幸福当下即是，不须外求。此所谓逍遥游也。庄子之书，首标此旨，托言大鹏小鸟，"故极小大之致，以明性分之适"，"苟足于其性，则虽大鹏无以自贵于小鸟，小鸟无羡于天池，而荣愿有余矣。故小大虽殊，逍遥一也"（并郭象《逍遥游注》）。凡物如此，人类亦然。庄子云：

> 彼民有常性，织而衣，耕而食，是谓同德。一而不党，命曰天放。故至德之世，其行填填，其视颠颠。当是时也，山无蹊隧，泽无舟梁；万物群生，连属其乡；禽兽成群，草木遂长。是故禽兽可系羁而游；鸟鹊之巢可攀援而窥。夫至德之世，同与禽兽居，族与万物并，恶乎知君子小人哉？同乎无知，其德不离。同乎无欲，是谓素朴。素朴而民性得矣。（《马蹄》）
>
> 子独不知至德之世乎？……当是时也，民结绳而用之，甘其食，美其服，乐其俗，安其居，邻国相望，鸡狗之音相闻，民至老死而不相往来。若此之时，则至治已。（《胠箧》）
>
> 泰氏其卧徐徐，其觉于于；一以己为马，一以己为牛；其知情信，其德甚真，而未始入于非人。（《应帝王》）

此《胠箧篇》所说，亦与《道德经》八十一章同。盖此为道家所认为之黄金时代也。

第三节 人为之害

庄子继云：

> 及至圣人，蹩躠为仁，踶跂为义，而天下始疑矣。澶漫为乐，摘僻为礼，而天下始分矣。故纯朴不残，孰为牺尊？白玉不毁，孰为圭璋？道德不废，安取仁义？性情不离，安用礼乐？五色不乱，孰为文采？五声不乱，孰应六律？夫残朴以为器，工匠之罪也；毁道德以为仁义，圣人之过也。（《马蹄》）
>
> 上诚好知而无道，则天下大乱矣。何以知其然耶？夫弓弩毕弋机变之知多，则鸟乱于上矣。钩饵罔罟罾笱之知多，则鱼乱于水矣。削格罗落罝罘之知多，则兽乱于泽矣。知诈渐毒颉滑坚白解垢同异之变多，则俗惑于辩矣。故天下每每大乱，罪在于好知。故天下皆知求其所不知而莫知求其所已知者，皆知非其所不善而莫知非其所已善者，是以大乱。故上悖日月之明，下烁山川之精，中堕四时之施。惴耎之虫，肖翘之物，莫不失其性。甚矣夫好知之乱天下也！（《胠箧》）

此所谓人类之堕落［"堕落"（fall）系耶教书中用语，指人类始祖自"天国"谪降之事。见《旧约·创世纪》］也。圣人以其聪明才力，改造天然境界，而不知人类之苦，已与人为之物而俱来矣。

人为之目的不外两种：一模仿天然，二改造天然。若为模仿天然，则既有天然，何须模仿？《列子·说符篇》云：

> 宋人有为其君以玉为楮叶者，三年而成，锋杀茎柯，毫芒繁泽，

乱之楮叶中而不可别也。此人遂以巧食宋国。子列子闻之，曰："使天地之生物，三年而成一叶，则树之有叶者寡矣。故圣人恃道化而不恃智巧。"

此即云恃自然而不恃人为也。若为改造天然，则适足以致痛苦。庄子云：

> 是故凫胫虽短，续之则忧；鹤胫虽长，断之则悲。故性长非所断，性短非所续。(《骈拇》)

而人为之目的，多系截长补短，改造天然。故自有人为境界，而人在天然境界所享之幸福失。既无幸福，亦无生趣，譬犹中央之帝，名曰混沌，本无七窍，若强凿之，则七窍开而混沌已死矣(见《庄子·应帝王》)。

第四节　社会哲学与政治哲学

夫物之性至不同矣。一物有一物所认为之好，不必强同，亦不可强同。物之不齐，宜即听其不齐，所谓以不齐齐之；此《齐物论》之宗旨也。一切社会上之制度，皆定一好以为行为之标准，使人从之。此是强不齐以使之齐，爱之适所以害之也。庄子云：

> 百年之木，破为牺尊，青黄而文之，其断在沟中。比牺尊于沟中之断，则美恶有间矣，其于失性均也。跖与曾、史，行义有间矣，然其失性一也……夫得者困，可以为得乎？则鸠鸮之在于笼也，亦可以为得矣。(《天地》)

礼教制度，虽为圣人所认为之好，然必欲以之"束缚驰骤"天下之人，则是强天下之不齐以至于齐也。庄子于此，有一妙喻云：

昔者海鸟止于鲁郊。鲁侯御而觞之于庙，奏《九韶》以为乐，具太牢以为膳。鸟乃眩视忧悲，不敢食一脔，不敢饮一杯，三日而死。此以己养养鸟也，非以鸟养养鸟也。夫以鸟养养鸟者，宜栖之深林，游之坛陆，浮之江湖，食之鳅鲦，随行列而止，委地而处。彼唯人言之恶闻，奚以夫谆谆为乎？《咸池》《九韶》之乐，张之洞庭之野，鸟闻之而飞，兽闻之而走，鱼闻之而下入，人卒闻之，相与还而观之。鱼处水而生，人处水而死。彼必相与异，其好恶故异也。故先圣不一其能，不同其事，名止于实，义设于适；是之谓条达而福持。（《至乐》）

"不一其能，不同其事，名止于实，义设于适"，故无须定一定的规矩准绳，而使人必从之也。道德为人性之自然，仁义为人定之标准，礼则人为之规矩形式。老子谓失道（自然之全体）而后德（自然之一部）；失德而后仁（有标准而尚无区别）；失仁而后义（有标准又细为区别）；失义而后礼（规矩形式）；盖愈画一则愈乱也。然义礼之施，纯恃教育之鼓吹，及名誉之劝诱，尚无确切可见之威权，以为其后盾也。礼为"忠信之薄而乱之首"（以上并见《道德经》三十八章），盖亦不过乱之开始而已。失礼而后法；现在所谓政治法律，皆法之类，其精神在用确切可见的威权，以迫人必从其所定之标准。此道家之所大恶也。故老子云：

绝圣弃智，民利百倍；绝仁弃义，民复孝慈；绝巧弃利，盗贼无有……见素抱朴，少私寡欲。（《道德经》十九章）

是以圣人之治，虚其心，实其腹，弱其志，强其骨，常使民无知无欲，使夫智者不敢为也。为无为，则无不治。（《道德经》三章）

"为无为"即庄子所谓"在宥天下"。庄子云：

闻在宥天下，不闻治天下也。在之也者，恐天下之淫其性也。

宥之也者，恐天下之迁其德也。天下不淫其性，不迁其德，有治天下者哉？（《在宥》）

第五节　个人之修养

庄子之社会哲学，主张将现在社会回复至其原始情形；其个人修养之方法，亦主除去成人心中之私欲计画思虑等而复返于婴儿。《庚桑楚》云：

> 老子曰："卫生之经，能抱一乎？能勿失乎？能无卜筮而知吉凶乎？能止乎？能已乎？能舍诸人而求诸己乎？能翛然乎？能侗然乎？能儿子乎？儿子终日嗥而嗌不嗄，和之至也。终日握而手不挽，共其德也。终日视而目不瞚，偏不在外也。行不知所之，居不知所为，与物委蛇而同其波。是卫生之经已。"

道家皆好言婴儿，如老子云："专气致柔，能婴儿乎？"（《道德经》十章）"我独泊兮其未兆，如婴儿之未孩。"（同上书二十章）"常德不离，复归于婴儿。"（同上书二十八章）"圣人之在天下，歙歙焉为天下浑其心……圣人皆孩之。"（同上书四十九章）"含德之厚，比于赤子。"（同上书五十五章）婴儿非不有活动，但一切皆出于天然，而非出于有意识的计画；但有"行"而不知其"所之"，有"居"而不知其"所为"。一片天机，非有人为。庄子之理想人格，正是如此。故云：

> 古之真人，其寝不梦，其觉无忧，其食不甘，其息深深……古之真人，不知说生，不知恶死。其出不䜣，其入不距。翛然而往，翛然而来而已矣。不忘其所始，不求其所终，受而喜之，忘而复之。是之谓不以心捐道，不以人助天。是之谓真人。（《大宗师》）

"不以心捐道"者，章太炎云："捐，当从郭作揖。《说文》：'揖，手着胸也。'着胸为揖，引申为胸有所着。不以心捐道者，不以心着道也。所谓'不诉''不距''不忘''不求'也。"（《庄子解故》）不以心着道，不以人助天，即是不以有意识的计画，搀入本能的活动之中。故虽有活动而不自知也。

所以道家又皆好言"愚"，老子云："我愚人之心也哉，沌沌兮！众人昭昭，我独昏昏；俗人察察，我独闷闷。澹兮其若海，飂兮若无止；众人皆有以，而我独顽似鄙。"（《道德经》二十章）"古之善为道者，非以明民，将以愚之。"（《道德经》六十五章）盖愚之境界，乃返于婴儿之自然的结果也。庄子云：

性修反德，德至同于初，同乃虚，虚乃大，合喙鸣（郭象注云："无心于言而自言者，合于喙鸣。"），喙鸣合，与天地为合，其合缗缗，若愚若昏，是谓玄德，同乎大顺。（《天地》）

反德即是返于婴儿；返于婴儿，如何能"与天地为合"，下文自明。

第六节　纯粹经验之世界

婴儿虽有活动而无智识；此种无智识之经验，即所谓纯粹经验（pure experience）也。在有纯粹经验之际，经验者，对于所经验，只觉其是"如此"（詹姆士所谓"that"），而不知其是"什么"（詹姆士所谓"what"）。詹姆士所谓纯粹经验，即是经验之"票面价值"（facevalue），即是纯粹所觉，不杂以名言分别。[见詹姆士《急进的经验主义》（Essays in Radical Empiricism）第39页] 佛家所谓现量，似即是此。庄子所谓真人所有之经验，即是此种，其所处之世界，亦即此种经验之世界也。庄子云：

古之人其知有所至矣。恶乎至？有以为未始有物者，至矣尽矣，不可以加矣。其次以为有物矣，而未始有封也。其次以为有封焉，而未始有是非也。是非之彰也，道之所以亏也。道之所以亏，爱之所以成。果且有成与亏乎哉？果且无成与亏乎哉？有成与亏，故昭氏之鼓琴也。无成与亏，故昭氏之不鼓琴也。(《齐物论》)

有经验而不知有是非，不知有封（即分别），不知有物，愈不知则其经验愈纯粹。在经验之中，所经验之物，是具体的；而名之所指，是抽象的。所以名言所指，实只经验之一部。譬如"人"之名之所指，仅系人类之共同性质。至于每个具体的人之特点个性，皆所不能包括，故一有名言，似有所成而实则有所亏也。又一名只指一物，或一部分之物，其余皆所不指；就其所指者而言则为成，就其所不指者而言则为亏；故庄子有鼓琴之喻也。郭象注云：

夫声不可胜举也。故吹管操弦，虽有繁手，遗声多矣。而执龠鸣弦者，欲以彰声也。彰声而声遗，不彰声而声全。故欲成而亏之者，昭文之鼓琴也。不成而无亏者，昭文之不鼓琴也。

凡一切名言区别，皆是如此。故吾人宜只要经验之"票面价值"，而不须杂以名言区别。庄子云：

可乎可，不可乎不可。道行之而成，物谓之而然。恶乎然？然于然。恶乎不然？不然于不然。物固有所然；物固有所可。无物不然；无物不可。故为是举莛与楹，厉与西施，恢恑憰怪，道通为一。其分也，成也。其成也，毁也。凡物无成与毁，复通为一。唯达者知通为一，为是不用而寓诸庸。庸也者，用也。用也者，通也。通也者，得也，适得而几矣。因是已；已而不知其然谓之道。(《齐物论》)

凡物可即可，然即然，不必吾有意识的可之或然之也。莛即莛，楹即楹，厉即厉，西施即西施，不必我有意识的区别之也。有名言区别即有成，有成即有毁。若纯粹经验，则无成与毁也。故达人不用区别，而止于纯粹经验，则庶几矣。其极境虽止而又不知其为止。至此则物虽万殊，而于吾之知识，则实已无区别矣。

第七节　万物一体

若此则万物与我，皆混同而为一矣，混同二字用于此最妙，盖此等之"为一"乃由混而不为区别以得之者也。郭象所谓"与物冥"（《逍遥游注》），即是此义。至此境界，则可"乘天地之正，而御六气之辩（与变通），以游无穷"（庄子《逍遥游》）矣。此言毫无神秘之义，盖此乃顺万物之自然之自然结果也。郭象于此注云：

> 天地者，万物之总名也。天地以万物为体，而万物必以自然为正。自然者，不为而自然者也。故大鹏之能高，斥鷃之能下，椿木之能长，朝菌之能短：凡此皆自然之所能，非为之所能也。不为而自能，所以为正也。故乘天地之正者，即是顺万物之性也。御六气之辩者，即是游变化之途也。如斯以往，则何往而有穷哉？所遇斯乘，又将恶乎待哉？此乃至德之人玄同彼我者之逍遥也。

《大宗师》中亦有一节，与此意略同。彼云：

> 夫藏舟于壑，藏山于泽，谓之固矣。然而夜半有力者负之而走，昧者不知也。藏小大有宜，犹有所遁，若夫藏天下于天下，而不得所遁，是恒物之大情也。特犯人之形而犹喜之，若人之形者，万化而未始有极也。其为乐可胜计耶？故圣人将游于物之所不得遁而皆存。善夭善老，善始善终，人犹效之，又况万物之所系而一化之所待乎。

由纯粹经验以玄同彼我者，对于天地万物，不作有意识的区别，故其在天下，犹藏天下于天下也。藏天下于天下，则更无地可以失之；此所谓"游于物之所不得遁而皆存"也。如此则无往而不逍遥矣。庄子云：

  浸假而化予之左臂以为鸡，予因以求时夜；浸假而化予之右臂以为弹，予因以求鸮炙；浸假而化予之尻以为轮，以神为马，予因以乘之，岂更驾哉？且夫得者，时也（郭云："当所遇之时，世谓之得。"）；失者，顺也（郭云："时不暂停，随顺而往，世谓之失。"）；安时而处顺，哀乐不能入也。此古之所谓悬解也。（《大宗师》）

既已解悬之人，谓之至人。庄子云：

  至人神矣。大泽焚而不能热；河汉冱而不能寒；疾雷破山，飘风振海，而不能惊（郭云："夫神全形具而体与物冥者，虽涉至变，而未始非我，故荡然无芥介于胸中也。"）。若然者，乘云气（郭云："寄物而行，非我动也。"），骑日月（郭云："有昼夜而无死生也。"），而游乎四海之外（郭云："夫唯无其知而任天下之自为，故驰万物而不穷也。"），死生无变于己（郭云："与变为体，故死生若一。"），而况利害之端乎？（郭云："况利害于死生，愈不足以介意。"）（《齐物论》）

"与变为体"，故无人而不自得焉，此逍遥之极致也。

第八节 余论

  以上为道家哲学之大概。在我所谓损道诸哲学中，道家所与他派不同者，即道家并不反对现在之世界。道即此世界之全体的自然；如能除去现在之人为境界，此世界究竟为和、美、幸福所充满。道家哲学并不主张真正的清净无为，使人如老僧之入定。大鹏之飞，婴儿之号，实皆是为，其所以可取，只在其是本能的、自然的，非有意的、做作的。所以道家之主张，只是除去人为，返于天然。在诸损道中，道家之哲学，所损可谓最少。

道家之哲学，实亦代表人之一种欲望，表明人之一种幸福。所谓万物一体之幸福，下文当论及（看本书第十三章第二节）。今但说吾人若在天然境界，一切随本能而行，实有一种幸福，在别处所不能得者。詹姆士有言：

> 我们所谓曾受过高等教育之人，多数皆远离"天然"。我们所受的训练，使我们只找那超越的，少的，出色的，而忽视那平常的。我们为抽象的概念所充满，且为言语所滑；在此高等机能之教育中，快乐之特殊的源，与简单的机能相连带者，常变干枯，于是我们对于人生之较基本的，较普通的"好"与喜悦，乃不能感觉。
>
> 在此情形之下，救济方法，即是降下至较深的，较原始的地位……我们自以为较野蛮人甚高，然对于此等方向，我们所已死者，他们"天然"之子，确切甚活。我们对于改良之无忍耐，对于人生之基本的，静的，诸"好"之盲然，他们若能自由的作文，对此，必有动人的讲演。一酋长与其白客（客而为白人者）云："呀……我的兄弟，你将永不知无思无为之幸福，在一切事物中，此为最迷人，仅次于睡觉。我们生前如此，我们死后亦如此。至于你们的人们……收获方了，即又另种；白昼不足，我还见他们耕于月下。他们的生活如何与我们的比——他们所视为空无所有之生活？他们真瞎，他们失了一切。我们则生活于"现在"。（《心理及人生理想谈话》第257至258页）

此等"神秘的感觉的生活（mysterious sensorial life）及其最高的幸福"（亦詹姆士语），诚至少亦是一种幸福。

第三章

理想派——柏拉图

在周以前中国人对于宇宙之见解，大概皆以为宇宙之根本原理，是非物质的。《尚书》中言天者甚多。如说："天叙有典，敕我五典五惇哉；天秩有礼，自我五礼有庸哉……天命有德，五服五章哉；天讨有罪，五刑五用哉。"（《皋陶谟》）又说："天道福善祸淫，降灾于夏。"（《汤诰》）此诸处，其所谓天之义虽不尽同［中国所谓天有数义：一、物质之天；二、义理之天；三、主宰之天。所谓义理之天与西洋所谓宇宙原理（cosmic principle）之理（reason）相当，可名之曰理天。所谓主宰之天，与西洋所谓上帝相当，可名之曰帝天。至于物质之天，可名之曰质天］，然大概皆以非物质的之高尚原理为宇宙之根本，宇宙之主宰；社会上之制度及道德，皆根本于"天"，非人之所随意规定。

第一节　柏拉图与其时代之问题

西洋所谓先苏格拉底哲学家（pre-Socratic philosophers）所持见解，亦复相同。他们多以"理"（reason）为宇宙之根本原理，而此根本原理即为社会上诸种制度及道德之来源。人多谓此时哲学家多唯物论者，实不甚对。如退利斯（Thales）以水为宇宙之根本，而据亚力士多德说（退利斯本人著作无有存者，吾人所以能知其学说，皆据亚力士多德等所说）：

有人以为灵魂散布,遍于宇宙,退利斯说神充满万物,或即由此。(亚力士多德《心理学》第411节)

又如赫拉颉利图斯(Heraclitus)与巴门尼底斯(Parmenides)之哲学,本为相反对之学派,而似亦皆谓道德是天然的,永久的,不随人之意见而变。赫拉颉利图斯说:

虽受尊敬之人,亦只知"意见"而信奉之[希腊哲学中,"意见"(opinion)与"真理"(truth),区别甚严,所谓意见,系主观的推测,变化不定],但正义是真要战胜虚诞与伪假。[配克威尔《古代哲学史料》(Bakewell: Source Book in Ancient Philosophy)第29页]

巴门尼底斯说:

正义永不受损坏。他之束缚,永无松懈。(同上书第15页)

毕达哥拉学派(Pythagoreans)以正义、灵魂、及理,为永存的数目(亚力士多德《后物理学》第985节)。亚拿萨哥拉(Anaxagoras)说:"理在动物之内,且遍于世界;它是世界及其秩序之原。"(同上书第984节)以上少举数例,于此可见苏格拉底以前希腊之传统学说,多主张"理天"之存在,以"理"为神圣的,道德是天然的,不是人为的,所以亦是一定的而非常变的,一的而非多的。

及后所谓"智者"(Sophists)即是反对此等传统学说之革命家。勃洛大哥拉(Protagoras)之最有名的话即是:"人是一切事物之准则(Man is the measure of all things)。"社会上之制度及道德,皆是人为之产物,人之所定,以改良野蛮的天然境界者。据柏拉图说,勃洛大哥拉曾说:

有人于此,在受过法律与仁爱之教育者之中,似为最坏。又有一人，在其族中，无教育，无主持正谊之法庭，无法律，亦无强迫人以为道德之各种制裁。若使此二人相比，则彼似最坏者，在此即为正谊的人，且为正谊大家。（柏拉图《勃洛大哥拉》第327节）

又有哥尔期亚（Gorgias），据说他曾作书，名叫《天然或无有》。在此书中，他有三个立论：一、无物存在；二、即使有物存在，无人能知；三、即使有人知之，亦不能说与别人（配克威尔《古代哲学史料》第67页）。据贝因解释，此三立论，亦所以反对以天然境界为好之说：一、天然境界，未尝存在；盖此境界，必为变的，或不变的；若其为不变的，则现有文明，何自而起？若为变的，则又何能为一固定的标准而使人取法？二、即使天然的境界，果曾存在，但距现在已隔甚长的文明时期；既以文明时期为大乱之世，则其所传说，若何可信？三、假使此等传说，亦属可信，然各种传说，无相同者；有谓在天然境界之中，一律平等，有谓其时系行贵族政治，有谓其时系行独裁政治，究竟何说为是？（A. Benn: *A Greek Philosophers* 第一册第96页）此真对于浪漫派之一很有力的驳论。此真韩非子所说："无参验而必之者，愚也；弗能必而据之者，诬也；故明据先王，必定尧舜者，非愚则诬也。"（《韩非子·显学》）据柏拉图所说，智者司刺息马喀斯（Thrasymachus）说：正谊乃强者所发明；强者征服弱者之后，恐其反抗，故为此道德，以束缚之（《共和国》第338节）。又有智者加里可里斯（Calicles）则谓正谊乃弱者所发明；弱者恐强者之侵害，故为此道德，以为保障（《哥尔期亚》第483节）。此二说虽不同，要皆以道德乃系人定的而非天然的；人定道德，以为其自己之方便，且只为其自己之方便。智者之中，亦有持近于传统学说之说者。据柏拉图说，喜庇亚（Hippias）曾说：人之所以为亲族、朋友及国人，乃系由于自然，而非由于法律；同类相爱，由于自然，法律则是人类之暴君，常逼人做违反自然之事（《勃洛大哥拉》第337节）。然大多数之智者，则均持道德人为之说。荀子所说："人之性恶，其善者伪也。"（《荀子·性恶》）他以善为伪，正如智者以道德为人为。于是在苏格拉底及柏拉图之时，希腊哲学史上之大问题，即所谓天然与人定之诤。

第二节　柏拉图对于此问题之解决

一时代之哲学家，对于一时代之问题，必有其自己之看法与其自己之解决。所谓天然与人定之诤，在柏拉图看，即是辩论道德是不是可教。在《勃洛大哥拉》中，苏格拉底与勃洛大哥拉对此问题，辩论甚多，在《门诺》（Meno）中，此同一辩论又复提起。此篇开端，即是门诺之问题：

> 苏格拉底，你与我说，道德是从受教或实习而得；若使非从二者而得，则人之道德，自天然来，抑自别路而来？（《门诺》第70节）

以下门诺又问：

> 道德是自教育来，或天然来，或自别路来耶？（《门诺》第86节）

所谓道德来自天然，即是谓道德即在性中，与生俱来；所谓道德来自教育，即是谓道德纯是"后得"。若使道德果与生俱来，则教育即无所用；其最大之用，亦不过如孟子所说，能将仁义礼智之"四端""扩而充之"。教育亦不过如苏格拉底所说之收生婆之收生术，仅将所已有者接出，非于人性之外，再有所加。告子说："性犹杞柳也，义犹杯棬也，以人性为仁义，犹以杞柳为杯棬。"他此言即谓仁义完全为"后得"，纯自教育而来，无有天然的根据，即所谓"其善者伪也"。孟子说："水信无分于东西，无分于上下乎？人性之善也，犹水之就下也；人无有不善，水无有不下。"（俱见《孟子·告子》）他此言即谓仁义有天然的根据，非是"后得"。在《勃洛大哥拉》中，柏拉图于此问题，并无解决。于《门诺》中，柏拉图于门诺所提出之问题，则与一答案。他说：

假使我们看法，果有几分不错，则我们研究之结果似乎是：道德既非是天然的，亦非是后得的，而乃是一种本性，帝天所与道德的人者……门诺，我们的结论是：道德的人之道德，乃帝天所赋与。（《门诺》第99节）

此即是柏拉图对于其时代之问题之解决。道德仍是来自天然，不过此所谓天然，已非复吾人普通所谓天然。此所谓天然，不是与吾人相对者，乃是超乎时空之绝对的真实，其统治者即是帝天之自身，或"好"之自身。

第三节　宿慧说与概念说

柏拉图以宿慧说证明此种理想世界之存在。欲说明此点及柏拉图之概念说，须先略说苏格拉底。依希腊之传统的哲学，道德是天然的，一而不变；智者则谓道德乃人为的，多而常变。苏格拉底于此即有折衷。他的哲学方法，即以"归纳法"得"定义"。如"勇"之德，是多或一，变或不变？依苏格拉底之法，聚许多不同的"勇"之事实而寻其共同之一点，其"共相"；此"共相"即勇之概念，亦即可作为"勇"之定义。事实常变而定义不变，事实常多而定义只一。此方法即于变之中求不变，多之中求一。柏拉图之早年著作中，均用此方法，寻求概念；及在《非都》(Phaedo)，乃对于概念之来源，发生疑问。一块木或石，有时可与他物相等，有时不相等。但相等永不能不相等；等之概念，亦永不能不等；故于时等时不等之物中，不能找出绝对的等，等之概念。具体的物质的事物常变，不能常自相同，亦不能常与他物相同。无论集若干此等事物，于其中总找不出不变的，一的概念（《非都》第78节）。所以柏拉图于此，得一结论，他说：

在我们第一次看见物质的等之先，我们必已知绝对的等；我们反想，这些似是而非的等，必皆以绝对的等为目的，但不能达其目

的。(《非都》第75节)

> 然则理想的等之知识，我们于有生以前，必已得到……使我们有生以前，即有此知识；此知识且与生俱来，则我们有生之前，及临生之际，必且知凡他概念，不仅等，大，或小，而已。因我们常说绝对的美，绝对的好，绝对的正谊，绝对的神圣，及于问答之际，推论之中，所名为"要素"(essence)者，不只说绝对的等也。对于此等之知识，我们可断定是我们有生以前所得。(同上)

在别一世界，不仅有绝对的等，存在其间，且有绝对的美，绝对的好，绝对的正谊，绝对的神圣。凡此世界中之可称为"多"者，在彼则为"一"。彼理想的世界与此实际的世界，在各方面，皆极相似。不过在此之多，在彼为一；多可见而不可知，一可知而不可见（见《共和国》第507节）（凡知一物，必依其概念；如小儿无桌子之概念，则他只见其为如此如此之一物，而不能知其为桌子）；可见者常变，不可见者不变（见《非都》第79节）。此世界无论在何方面，皆不及彼世界，盖此世界之自身，即彼世界之摹本；彼世界乃一醒的真实，此世界乃其如梦的影。

第四节　理智的世界与感觉的世界

在柏拉图之哲学中，此世界与彼世界之分甚严。此世界是感觉的，彼世界是理智的；此世界是时间的，彼世界是永久的。在西洋哲学史中，所谓"两世界系统"(two worlds system)之完全成立，实始于柏拉图。依《共和国》中所说，此二世界之中，又各分为二部，各为一种知识之对象；今作图于下以明之：

感觉的世界 the visible world （意见 opinion）		理智的世界 the intellectual world （理智 intellect）	
影像 images	感觉所及之物 sensible things	科学的概念 scientific notions	绝对的概念 absolute ideas
影之知识 knowledge of the shadows	信仰或情感 faith or passion	理解 understanding	理性 reason

此所谓"影像"，据云即是一切物之影子。所谓"感觉所及之物"，据云即我们人及他动物及一切天然的物，人为的物（见《共和国》第510节）。但如以此义与《共和国》中别节所说相比，则见柏拉图所谓"影像"，实非只指一切物之影子。在《共和国》之末章中，柏拉图视美术作品为物之影。他说：

> 于此有三个床：一是天然的，我们可说是帝天所造。一是木匠所造。而画家所造，乃其第三。（《共和国》第597节）

画家所画之床，非是真床，不过床之形似，如镜中之影。所以画家"距王及真理，隔三阶级"（同上）也。据此则上所谓"影像"实指人为的诸物，而非但是物之影像。所谓美术作品，以及文学作品等，俱属此类。至于所谓实用艺术之作品（即工艺作品），依上所说，亦与天然的物，同属一类。柏拉图此时，盖以为在理想的世界之中，即人为的物，亦有概念。上所引中，帝天所造之第一床，即是床之概念也。所以他以为"造床者与造桌者，依照概念，造床及桌，以为我们之用"（同上书第596节）。人为的物与天然的物，同属一类，盖因其皆为永久的概念之模仿品也。不过在《共和国》中，柏拉图有时亦说"一般的艺术"而归之于一类。例如他说：

> 一般的艺术皆有关于人之需要及意见，或为人所提倡以生产或建造，或以保持此等生产或建造；至于所谓数学的艺术，如几何等，如我们曾说，虽对于真的存在，亦有若干知识，但他们永不能见醒的真实，因他们皆不察其所用之假定，又不能解释之。人而不知其自己之第一原理，不知其结论及其间推理之自何而出；此等武断的协定（arbitrary agreement）如何能成科学耶？（《共和国》第 533 节）

据此可知，所谓一般的艺术及所谓科学的概念，皆人所为；其所差别，只在一是人为的物，一是人定的概念而已。所以在上图中，科学的概念与绝对的概念之关系，正如"影像"与感觉所及之物之关系也。所以画家距"王及真理"，只隔"三阶级"也。

柏拉图对于其"两世界系统"果真常持如此意见否，诚是一问题。柏拉图之思想，变迁甚多，往往不甚自相一致；近代之威廉·詹姆士，即有其风。然无论柏拉图常持此意见否，但如曾持此意见，则以上所说，即为不背。

总之柏拉图以为有两世界相对峙，在感觉的世界中，有感觉所及之物，又有太阳以为感觉、养育及生长之作者。理智的世界中则有概念，及"好之概念"，以为知识及"要素"（essence）之作者。"好之概念"虽亦即"好"之要素，但其尊贵及权力，则远出于别种要素之上（《共和国》第 509 节）；其在理想的世界，正如太阳之在感觉的世界。所以在理想的世界中，无论何物，皆极完全，因其即为各物之要素或概念也。而统治理想的世界之权力，亦为至好，因其即是"好之概念"也。此乐园之为乐园，可无疑矣。

第五节　灵魂与肉体

大宇宙（macrocosm）既有此二分之区别，依柏拉图说，小宇宙（microcosm）亦有二分，即灵魂与肉体。

> 灵魂是神之确切的像，是不死的，明智的，齐一的，不可毁的，不变的；肉体是人之确切的像，是有死的，无知的，非齐一的，可毁的，可变的。（《非都》第 80 节）

依此节所说，则灵魂与肉体之关系，正恰如理智的世界与感觉的世界之关系。灵魂是神圣的，纯洁的，常欲"飞"回理智的世界。此《非都》篇所说之大意也。不过如以此篇所说，与他篇比较，则见他篇所说灵魂之性质，与此又不相同。在《非都》篇中，柏拉图以"欲"归于肉体，在《飞理巴斯》篇（Philebus）中，则以之归于灵魂。在《非都》中，灵魂是纯一的，在《飞逐拉斯》（Phaedrus）篇、《共和国》及《泰米阿斯》（Timaeus）篇中，则灵魂乃系三分所合成。阿起海恩德（Archer-Hind）云：《非都》中所说与《飞理巴斯》中所说，似不合而实相合。在《非都》中，所以以"欲"归于肉体者，以其起于肉体灵魂之相合也。在《飞理巴斯》中，所以以"欲"归于灵魂者，以"欲"是肉体所与灵魂之变动也。至于灵魂是纯一之说，与灵魂有三分之说，亦不相违。盖凡灵魂皆是齐一的，不可毁的；但因其联合于肉体，所以其某方面是时间的，只与肉体关联，方有存在。以此之故，虽欲，因其倚肉体而存，所以非不死的；但其中之生活原理，虽因与肉体联合而有欲，而其自身则仍是不死的（见《言语学杂志》第十卷第 130 页）。灵魂既与肉体联合，必依肉体之条件而活动，此联合之活动，即所谓意欲也。

此解答似满人意而实不然。若灵魂之自身，果属纯一，而欲果只为灵魂与肉体联合之活动，则人死之后，灵魂当自然返其纯洁，因"死则灵魂自然与肉体分离而为其所解放"（《非都》第 67 节）也。但柏拉图之意，则又不然。依他所说，只有曾受哲学洗礼之灵魂（同上书第 84 节），可以至"不可分的，神的，不死的，理性的"地域（同上书第 81 节）。至于不清洁的灵魂，为肉体所连累者，则不然。此等灵魂，为肉体之"重的，土的原质"所累，必将"仍降于感觉世界"。此等灵魂，因游转以求满其欲，必将仍为别的肉体所拘执。（同上）以此之故，死虽可使灵魂与肉体分离，而不能自欲中救出灵魂。可使灵魂自由与清洁者，只有哲学；然此所谓哲学，非指有系统的知识，乃指近于绝欲之修养也。由此可见，灵魂，即在其与肉体结合之前，本自有欲；且若其无欲，则亦不必与肉体结合矣。依《飞逐拉斯》中所说，正因"黑马"之不服驾驭，故灵魂乃落于地上，与肉体结合而成为有生有死的动物（《飞逐拉斯》第246节）。由此而言，柏拉图说灵魂是单一的者，盖灵魂之全体本是单一的，如某物只是某物。他说灵魂有三分者，盖灵魂本有三部分，如某物，就其全体而言，虽只是一个某物，而就其部分而言，则可谓其有许多部分也。吾人应知，柏拉图之理想世界，在各方面，皆与此实际的世界类似；其差异只是在彼世界，一切皆是理想的，在此世界，一切皆不甚合于理想。居于此世界者是人；居于彼世界者是神与纯洁的灵魂。神与纯洁的灵魂，即理想的人也。依希腊人之普通意见，理想的人之所以为理想的，非因其绝对无欲，乃因其能以理性制欲使不失于过。所以依《飞逐拉斯》中所说，神及纯洁的灵魂，除御者（理性）之外，实皆有二马（一喻意志，一喻欲；喻欲者即上所说之黑马也）。不过他们的马，较好于我们的马而已（《飞逐拉斯》第246节）。有些灵魂，能保其"平衡"（balance.同上书第247节）者，即可随从诸神，以观绝对的美及绝对的好；其余灵魂，不能驾御"黑马"以保平衡，因之即倾斜而降于地上，此灵魂最痛苦之时（同上），此即人类之"堕落"也。由此而言，则灵魂有欲明矣。不过《非都》篇以灵魂与肉体对峙，亦不为失，因肉体即"黑马"之实现及客观化也。灵魂如常为"黑马"所制，则即永慕肉体，喜好肉体的快乐，以至只以肉体为真实，而忘其他矣（《非都》第81节）。在此情形之下，欲及快乐，谓为属于肉体，或谓属于灵魂，俱无差别；所以《非都》中所说与《飞理巴斯》中所说，并无相反之处。在此情形之下，灵魂必须生死轮回于"必要之座下"（见《共和国》第621节）。残凶之人，必生为狼鹰之属（见《非都》第82节）。如此轮回，竟无终止，直至灵魂为哲学所洗刷而能复归其故居，仍与神为侣。此似即《非都》及《共和国》中所述神话之义。此神话虽未必尽真，而"类于此者是真"（《非都》第114节）。"类于此者"，能非如以上所说乎？

第六节　爱与哲学

在《共和国》中，柏拉图以灵魂三分之调和，为最好的境界，盖此即是灵魂之最好的境界也。吾人当力求实现此调和，因此即是人生之最高理想也。但吾人之肉体，既即是"黑马"之实现，则灵魂一日未脱肉体之监狱，"黑马"与其御者之调和，即一日不能完全实现。求实现理想而理想终不能完全实现，此此世界中之通例也。

此世界所有之物，皆是醒的真实之梦影；即道德与正谊亦然。所以柏拉图在《共和国》之前半数卷中，既已述其自己对于正谊之意见，复云："尚有一知识，较此更高，较道德与正谊更高。"（《共和国》第504节）在此世界中，所有一切道德的性质，在个人修养或社会关系中所表现者，无论如何完备，而终是绝对的概念之形似或模仿品，与此世界所有之物，同属一类。灵魂所欲观而"取养"者，乃绝对的概念，"绝对的存在中之绝对的知识"（《飞逐拉斯》第247节）。故对于曾见绝对的正谊之人，人间之道德及法律，"不过正谊之影像或其影像之影"而已（《共和国》第517节）。所以有"智力"之人，对于灵魂以前与神同处时所有之经验，记忆不忘者，永不满意于此世界中之物也。所以柏拉图说：哲学家之心，独为有翼；因其能常回忆帝天所居之处之物也。能善用此记忆者，可入于最高的神秘，而独为完全。但因其遗忘人间诸事，所以常人以为疯魔，而不知其有所激发也（《飞逐拉斯》第249节）。此对于永存的概念之追求，即是柏拉图所谓"爱"之表现。"爱"介于人神之间，而连其隔绝；在"爱"之中，一切皆合为一［《一夕话》（*Symposium*）第202节］。质言之，"爱"即所以联络柏拉图之两世界者。

灵魂为肉体所累，居于变的世界之中，而常求"自反"。

他自反时，他即反省；于时他即入于纯洁，永存，不死，不变之域；凡此皆与灵魂同类，而且，在灵魂自存而未受阻碍之时，为

其所曾同处者；于是灵魂离其迷路，且既与不变者交通，即亦为不变矣。灵魂之此境界，名为智慧。(《非都》第79节）

所谓"智慧"即是灵魂之最好的，原来的境界。哲学即是"爱""智"。

第七节　灵魂之转变

故依柏拉图，智慧与哲学，皆非是物；智慧乃一境界，哲学乃一程序。哲学即是灵魂转变之程序；依此程序，灵魂自黑暗的感觉的世界归于真实。

柏拉图于《共和国》第七章中，设一地穴之喻。假设有人，自幼即在地穴中，其颈与足，均被拘系，仅能前视，不能自由转动。其后方之上端，有火掩映；火与人之间，有一低墙。墙上之人，有携器皿者，有携偶像者，有手牵木制或石制之动物者，种种状态，不一而足。火光下此等偶像之影，射于囚人对面之壁上。囚人既不能转首，除影像之外，一无所见，固将只以影像为真实也。假使囚中之人，有被释放，颈能旋转，忽见光明，初将感大痛苦，然其所见，则已较真实矣。更假使其出于穴外，日光之中，彼将更感非常之痛苦，且将目眩而不能视。彼必先试看水中之物影，及天上之星月，最后乃能视日及其他一切真实。于此时彼乃知前所有之知识之为虚妄也。此喻所譬，地穴即此感觉世界，火光即日光，影像即前所说之影像，偶像器皿等即前所说感觉所及之物。地穴之外即理智的世界，日光即好之概念，水中之影即科学的概念，一切真实即绝对的概念。欲观真实，须先观水中之影，故灵魂转变，以习科学为入手。科学能使灵魂自具体的感觉转向抽象的概念。灵魂以此训练，渐可自生灭的世界，转向真实，而渐能直视真实，及最高的真实——好之真实。(《共和国》第518节）于此时灵魂不但"知"真实，而实"见"之。(同上书第517节）此即是"转变"(conversion)。(同上书第518节）

第八节　概念说之困难

但对于科学中之论理的概念之知识，果如何能转为对于客观的绝对的概念之直觉，柏拉图于此，未曾明言。即使科学的概念能唤起吾人对于绝对的概念之记忆，然对于一物之记忆，仍非是对于一物之实际的直觉也。科学的概念及记忆等属于知识，而直觉乃是一种实际的经验；知识与实际的经验，固大不同也。柏拉图既将苏格拉底之"定义"，客观化于理想的真实世界，以为此等概念，仍可以"归纳法"及"定义"——科学方法——得之，而忘其自己所说之概念，已非只是论理的，非只是"定义"或具体的物之普通性质也。于是柏拉图最后乃不得不再说及一方法，所谓"问答术"（dialectic）（此所谓"问答术"与苏格拉底所说者不同，此即谓致"转变"之方术）。但吾人果如何能自科学方法转入"问答术"之方法耶？

柏拉图所作文中，有一篇名《巴门尼底斯》，其中甚多对于概念说之批评。依其中所说，概念说共有三困难：一关于理想世界之自身，一关于理想世界与感觉世界之关系，一关于对于绝对的概念之知识之可能。今分述之。

柏拉图因其对于实际的世界之失望，将概念客观化于理想的世界。依《非都》及《共和国》二篇所说，在理想世界之中，凡物之概念皆存。凡在此世界有普通名词之物，在彼世界，必有其概念。但果如此说，则在理想世界之中，不但有绝对的美，绝对的善，且亦应有绝对的丑，绝对的恶，因在实际的世界之中，固有此等普通名词也。若果如此，则理想的世界，乃较实际的世界为更坏，因绝对的丑与绝对的恶必较此世界之具体的丑物恶物为更丑更恶，且又永久不变。如谓在理想世界，并无此等概念，则以何根据，而否认其在彼之存在耶？吾人在此世界，何以能有此等普通观念，普通名词，使非吾人对此先有经验耶？此关于理想世界之自身之困难也。在《巴门尼底斯》中，苏格拉底谓在理想世界中，确有正谊、美、好诸概念之存在；水火等概念，果存于彼与否，则甚为可疑；至于发、泥，及其他卑污的物，如谓其亦有概念存于理想世界，则似觉谬妄背理。(《巴门尼底斯》第 130 节) 苏格拉底谓此问题之混乱不定，常使其心中扰乱而欲狂奔。假使理想世界中仍有卑污的物之概念，则理想世界，如何能为理想的？但在感觉世界中，吾人诚有卑污的物之名与概念，恰如美与好然，以何根据，而谓在理想世界中，无有卑污的物之概念耶？

即假定果有理想世界之存在，而理想世界与感觉世界，概念与个体，一与多之关系，果何如耶？如谓个体之所以如此如此，乃因"分有"（partaking）如此如此之概念，则所谓概念，所谓一者，乃可分而不复为一矣。如谓个体之所以如此如此，乃因"模仿"（imitating）如此如此之概念，则于个体模仿其概念之先，必须模仿"似"（likeness）之概念。但于其模仿此"似"之概念之先，必须模仿别一"似"之概念，因此别一"似"之概念，而个体乃可似此"似"。如此类推，以至无穷，而模仿乃究竟不可能。

且即假定有绝对的概念之存在，而此绝对的概念，亦为吾人所不能知。盖绝对的概念，必有客观的存在，而非存在于吾人之心。存在于吾人之心者，乃主观的概念，非绝对的概念也。绝对的概念对于绝对的概念，可发生关系，对于主观的概念则不能。主观的概念对于主观的概念，可发生关系，对于绝对的概念则不能。二者各有其地域范围。吾人心之所知，皆为主观的概念，如何能与绝对的概念发生关系？吾人心之所知，既不能与绝对的概念发生关系，则绝对的概念，如何能为吾人所知？故即有绝对的概念之存在，亦唯帝天知之而已。

以上乃《巴门尼底斯》中所说概念说之困难。究竟此等批评，果系柏拉图所作，以反对其自己之学说，或仅系其时人之意见，而柏拉图述之；哲学史家议论互殊。不过无论如何，此三点诚是概念说之困难也。

又有可使吾人注意者，即柏拉图于其晚年著作中，渐不提及概念说。《法律》一篇，普通所认为其晚年之所作者，柏拉图于其中已完全不提概念说，而但以"天然"为吾人行为之规范及道德之根据。在此篇中，柏拉图常有"依天然"及"随天然"之语。于此他又谓原始的人，在其天然境界中，简朴，勇敢，有节，有义。他又重述他所反对之学说——智

者之学说,他说:

> 有一道理,谓一切已存在或将存在之物,有来自天然者,有来自艺术者,有来自偶然者……第一层,我的亲爱的朋友,他们将说,神之存在,既非由于天然,亦非由于艺术,而乃由于国家之法律;而此法律又因制法者之协定,随地变迁。他们又说天然所尊贵,与法律所尊贵者,非是一物;正谊之原理,于天然无有存在,且常为人所辩论与变换;艺术及法律所作之变动,于天然无有根据,但只其时权威之所为而已。我的朋友,这些即是智人、诗人及散文作者,之所说,现正入青年之心中。(《法律》第889至第890节)

为反对此等学说,柏拉图取一新态度。于论"灵魂之性质及权力"之时,他说:

> 然则思想与审虑,心与艺术,及法律,乃将先于硬与软,重与轻之物。大而原始的工作与活动,乃艺术之产品,而为第一。于此等之后,乃有天然及天然之产品,虽此等名为天然,实不甚妥;此等后有,且在艺术与心之管理之下。(《法律》第892节)

依此则天然、艺术及法律,皆是灵魂、心与理性之作品。依此则柏拉图晚年之学说,又与本书所谓"中道"者相似矣。

第九节 余论

所再须声明者,即本书所分析所批评诸哲学系统,皆所以代表一派之哲学。基督教之哲学,即属于柏拉图所代表之一派;盖基督教所说之上帝,系一观念,于其上更可加以许多观念。上帝的确是一个永存的、全智的、全好的、全能的上帝。于此世界之外,尚有所谓"上帝城"(City of God),上帝之世界。此二世界,区别甚严,其间隔绝,更甚于柏拉图之二世界系统。所以柏拉图的哲学所遇之困难,亦即基督教哲学所遇之困难。他们的理想世界,仍在理性之范围内,所以不能超于"理性矛盾"(Antinomy of reason,理性可证一物是如此,亦可证其是如彼。如理性可证世界是有限的,而亦可证世界是无限的;可证物质之可分是有限的,而亦可证物质之可分是无限的)之外。在西洋哲学史中,关于上帝之存在及其性质之争论,无有止期。宗教家及宗教的哲学家,对于上帝存在之辩论,有所谓本体论的证明[Ontological proof,谓吾人观念中之上帝,是极完全的(即包有诸性质),所以当然包有"存在"之性质;既包有存在之性质,当然存在],所谓宇宙论的证明(Cosmological proof,谓世界之生,必有原因;最始之因,即是上帝),及所谓目的论的证明(Physico-theological proof,谓世界诸物,制造甚巧,秩然有序,可见有甚大的创造者主持其间)。然本体论的证明,亦可转用以证明上帝之仅系一观念。宇宙论的证明,亦可转用以证明上帝亦为所造,而更有较高的原因。目的论的证明,亦可转用以证明上帝,如其存在,亦是一软弱无能之创造者,盖此世界,有种种苦,甚非完全也。自"文艺复兴"以后,基督教在欧洲渐失其在中世纪时之普遍的势力。至理性主义(rationalism)最盛之十八世纪,基督教更受攻击。休谟(Hume)谓灵魂不过是一束感觉,上帝不过是一个字。康德于此,大觉不安,遂立哲学,谓灵魂不死,意志自由,上帝存在,及道德与幸福相合之至善,皆不能以知识之纯粹理性证明,而但可于道德之实践理性中觉得。在西洋哲学史中,确切的、有系统的为此说者,康德是第一人。不过康德除西洋哲学外,未受别种哲学之启示,所以他虽说非现象世界非纯粹理性所可知,而其所说非现象世界之性质,则仍未改变。下章将述叔本华之哲学;叔本华受印度哲学之影响,以为吾人已失之乐园,不但超于感觉,亦且超于思想,非唯不可见,且亦不可知。

第四章

虚无派——叔本华

耶教常说上帝是什么；而在佛教则心真如门不可说，所可说者，心生灭门而已。"一切法从本已来，离言说相，离名字相，离心缘相，毕竟平等，无有变异，不可破坏，唯是一心，故名真如。"（《大乘起信论》）故佛教所说，多及现象世界；本体世界，本无可说；所可说者，只本体世界之非如此如此之现象而已。若欲远离生灭，返于真如，则应"分别因缘生灭相"，"止一切境界相"；一切既止，真如自显。叔本华所说大指，与此颇同，下文可见。

第一节 叔本华哲学之来源

于上章中，我们既已讨论柏拉图哲学之大概及其所遇之困难。为便利起见，我们于此可视叔本华哲学为柏拉图哲学之继续，但以受康德及印度哲学之影响，而有所修正。如此看法，亦与事实不相违背。叔本华自谓其哲学，除得自直接经验者外，得力于柏拉图、康德，及印度人之著作（叔本华《世界如意志与观念》英译本第2册第5页）。以下可见叔本华以受印度哲学之暗示，而对于概念世界之来源及缺陷，能有说明；以受康德之暗示，而对于本体世界及现象世界之关系，能有解释。叔本华组织哲学系统，固不必即为解释《巴门尼底斯》中所说"概念说"所遇之困难。但柏拉图之概念说，若依叔本华之解释，则上所说困难，即归乌有。此或可见，上说困难乃真正困难，非诡辩家所制造，徒以资谈助而已。所以学说本身既已修正，其困难亦自灭除也。

第二节　何为柏拉图的概念

于上章中，我们已见概念说所遇困难，大者有三；其中之一即是：我们不能不承认概念世界中，亦有我们所认为不好的物之概念。丑之概念，固为绝对的丑，而"虎"之概念，必较个体的虎更为凶暴；"蛇"之概念，必较个体的蛇更为阴毒。结果则所谓理想世界，乃较现实世界，尤为不好。所以苏格拉底在《巴门尼底斯》中，自谓每思及此，辄昏乱而欲狂奔也。若依叔本华说，则概念世界固然存在，但不可即以之为理想世界。叔本华哲学之主要的立论，即其最重要的著作之标题"世界如意志与观念"（本章中所谓概念，乃指柏拉图的概念，乃是"共相"，叔本华所谓 Idee；所谓观念，乃指吾人心中所受于外界之印象，其所代表乃个体，叔本华所谓 Vorstellung。二名之义大异）：此世界之表面之现象，乃是观念；其内面，物之自身，康德所谓 Ding an sich，乃是意志。此大意志乃世界之本源，乃是永久的欲望，无尽的追求，永久的动作，无尽的变化。（《世界如意志与观念》英译本第一册第 214 页）对于他，"一个既达的目的，即是一个新行程之开始，如此类推，以至无穷"（同上）。此无尽的追求，常客观化其自己；而大意志客观化之等级，即柏拉图所说之概念也。

大意志客观化之最低等级，即为吸力、电力、及他种自然界之力；进化而至于植物动物；每一等级，即为一代表一"类"（species）之概念。大意志之自身，虽是无尽的变化，而其所客观化之诸等级、诸概念，则无有变迁。它们是无量数的个体之原型。诸原型固定不变；而无量数的个体，则生死成毁，常在变中。（《世界如意志与观念》英译本第一册第 168 页）每"类"之个体，皆追求其概念，而诸个体之全体，合而表其概念。（同上书第 172 页）

诸个体之个性，诸个体之"多"，乃生于吾人知识之先天的形式（详下），与固定的概念无与。除此而外，诸个体之一切活动、作为及特点，皆其概念之表现。概念如一字，个体如字母；字母合而成字，其本身无意义也。即人而言，叔本华云：

> 在多方面的人生及常变的事情之中，彼能分别意志、概念，及其表现者，只以概念为永久存在而已。在此概念中，求生之意志，有完全的客观；人类之能力、情感、错误，与超越，皆此概念各方面之表现。人类之自私、忿恨、恩爱、恐惧、勇敢、琐屑、拙劣、羞耻、滑稽、天才等，聚集联合，而为千万形式（人类之个体），以继续造出大世界与小世界之历史，在其中或为争取栗枣而动，或为争取皇冕而动，其实则一律无异。（同上书第236至237页）

人之概念如此，一切物之概念皆然。在此现象世界中，一切物皆错误不好，盖因其概念即错误不好也。概念即错误不好，盖概念为意志之客观化，而意志之自身，即是一根本的大错误也。

第三节　概念与个体之关系

概念与个体，所谓"一"与"多"之关系，果如何耶？个体与概念之关系，果为"分有"或"模仿"，或二者俱非耶？依叔本华说，概念本只是"一"，特其"现"于吾人，似为"多"耳。"多"是现象，是观念，只对于能知之主体而有存在。康德谓吾人知识有先天的形式，为知识所必经过，故吾人所知者皆是现象，而非物之自身。叔本华继袭其说，谓此先天的形式为"充足理由原理"（the principle of sufficient reason），其最普遍者，即空间与时间。一切物皆必经此形式，然后乃能为吾人所知。叔本华说：

> 概念，依其性质及其概念，本来是自同的一，只因经过时间与空间之媒介，而本是自同的一者，乃现为不同，为多，为共存与继续的现象。（《世界如意志与观念》英译本第一册第146页）
>
> 大概"多"必是为空间时间之所成，且只在空间时间中，"多"方可想。在此方面，空间时间，可名为"个性原理"（principium individualionis）。（同上书第166页）

所以物之"多"者，只是概念之表现于空间时间而已。在其客观化之低的阶级中，意志只如一盲目的、不明的追求之力。及至较高阶级，意志乃自燃一光，以为指导自己之工具。（同上书第196页）此光即意识或知识也。以此工具，

> 观念之世界，与其一切形式，客观与主观，时间，空间，多，与因果，忽然存在。世界之第二方面，于是出现。世界以前，仅是意志，今则又是观念，能知的主体之对象。（《世界如意志与观念》英译本第一册第196页）
>
> 为简单起见，我们可视诸概念，在其自身，为意志之简单的动作，在其中意志多少不等表现其性质。而个体则又概念——意志之动作——之表现于时、空，及"多"中者也。（同上书第202页）

知识为何必有此等先天的形式？康德及叔本华于此，虽皆无明白的答案，然在叔本华哲学中，则不难为此寻一解释。叔本华哲学，以意志为世界之本源；而知识又为意志之工具。所以知识依其来源及其性质，皆为意志所用。知识之功用，乃所以伺候意志，而非所以发现真理。所以知识之所知，只以有利于意志者为限。叔本华说：

> 知识本为意志之臣属，所以知识对于事物之知识，只及于其间之关系；知识所知之事物，皆在此时间，在此空间，在此情形之下，

来自如此原因，将生如此结果——总而言之，个体而已。若此等关系，俱已除去，则其事物，亦将不见，盖知识对于事物之所知，只此而已。（同上书第 229 页）

据此所说，我们可知，知识所以必带有"充足理由原理"者，盖因其必须伺候永久追求之意志也。所以知识之知事物，其所重不在于事物之纯粹客观性——其是什么——而在于某事物在某某状况之下之有利或有不利于意志。所以本来是"一"者，知识必视之为"多"。知识所以视"一"为多之必要，乃系实际的，而非逻辑的。

第四节　超越的知识

总之：吾人已为吾人之知识所限；吾人所知，只限于现象。盖无论所知为何，而一成所知，即已经过个性原理而成为现象矣。"欺瞒之网幕，使人眼瞎"（《世界如意志与观念》英译本第一册第 9 页），使人不见概念，只见观念；观念者，概念在时与空中之现象也。果以何法门，能使吾人开此网幕耶？依上章所说，柏拉图以学习科学为超人概念世界之大路——至少亦为此大路之起首。但依叔本华说，科学不过有系统的知识而已。科学对于事物之所注意，亦系"其关系，空间时间之关联，天然变化之原因，形式之相同，动作之动机——所以仅只关系而已"（同上书第 229 页）。科学之用，在于便利知识。正因知识之故，吾人视本来"一"者如"多"，科学岂能为吾人开此网幕耶？科学及普通知识皆叔本华所谓"内在的知识"（immanent knowledge）（同上书第 129 页），愈完全则"欺瞒之网幕"愈厚固。

与"内在的知识"相反者，曰"超越的知识"（transcendental knowledge）。果以何法门，乃能得之耶？依上所说，知识之知物，必经"充足理由原理"，盖非如此不足以伺候意志也。所以使知识之如此视物者，意志也。

普通人之视物，皆受"充足理由原理"诸形式之指导，而注意于诸物间相互的关系，其最后之目的皆与其自己之意志有关。若有一人，为心力所提高，放弃此等普通视物方法，不注意于物之"在何处""在何时""为何故"及"自何来"，而独注意于其"是什么"；假使他更不使抽象的思想，理智之名言，占据其意识，而使心之全力，注于"知见"（perception），使其自己，全浸于"知见"，使其全意识皆静观实际当前之物，不管此物是风景，是一树，一山，一建筑，或任何物；以至他丧他自己于此物中，虽他自己之个性与意志，亦复忘了，而只继续存在，如一纯粹的主体，如照物之镜，如所见之物，萧然独存，更无见者，而见者与"知见"合而为一，更不能分，盖其人之意识，已全为一感觉的影像所充塞矣；若以此而此物与其外一切，皆断关系，与意志亦断关系，则此所知之物，已非个体，而乃是概念，是永久的形式，是意志在此等级之直接的活动矣；而此浸沉于"知见"中者，已非个体，盖在此"知见"中，此个人已丧其自我矣；于此他只是一个纯粹的无意志的、无苦痛的、超时间的、知识之主体。（《世界如意志与观念》英译本第一册第231页）

在此"知见"之中，"充足理由原理"遂得超过。所谓"充足理由原理"，不过客观与主观间之关联而已（叔本华《充足理由原理之四根》英译本第30页）。主观客观既已泯除，则此原理当然不存。所以在此"知见"中，只有"一"，只有概念。

第五节 爱之事业

此外另有一方法可使吾人超过个性原理而不为所限。所谓爱之事业或所谓"心之扩大"，亦可使吾人不蔽于"欺瞒之网"。盖爱与心皆属于情，而依叔本华说，情与理智的知识，正相反对。（叔本华《世界如意志与观念》英译本第一册第68页）人虽为"欺瞒之网"所包，于人我之间，清分界限，而于见他人受苦之时，则鲜有不动心者。人皆有同情心，乃是事实。即恶人常以害人为事，而在其意识之最深处，亦未尝不自恨其所为，未尝无悔恨之情。（同上书第 474 页）所以如此者，岂非以各个体之间，虽有空间与时间之隔离，而其本根，则皆系一概念、一意志所表现者耶？各个体虽若痛痒不相关，而在其意识之最深处，则未尝不微觉万物之为一也。（同上书第 472 页）自私之人，为个体原理所紧缚，分别人我，极其清楚，损人利己，不顾良心之责备。心已扩大之人则不然。

  个性原理，构成现象之形式，已不拘束他了。人己间之界限，恶人所视为甚大的鸿沟者，于他则为幻妄的现象。他直接看见——非以理论推测——他自己之本体即别人别物之本体——要生活之意志，构成一切物之内的性质而亦生于一切物之内；禽兽及天然界之全体，皆此一意志所现，所以他即对于禽兽，亦不虐待……盖行爱之事业之人，"欺瞒之网"，已不能蔽，而个性原理之幻妄，亦已远离……远离"欺瞒之网"之幻妄，与爱之事业，实是一事……以此则心扩大，正如以自私则心缩小。（同上书第 481 至第 482 页）

所以以"心之扩大"，个性原理，亦可超过。我们亦可说由爱而得之超越的知识，比由美术所得，尤为在上。由美术我们可见概念，由爱我们更可见一切概念，亦本是一。

第六节 永久的公道（Eternal Justice）

  由爱所得之幸福，比由美术所得，亦为在上，而尤可经久。美术家在对于纯粹的物体之静观中，固可一时避免意志之宰制，超过"欺瞒之网"。然此等经验，为时极暂。美术不能自生活中将他救出，而但能与他以暂时的安慰而已。至行爱之事业者，则可永远不为个性原理所限制。自利之心既已灭除，则忧患得失诸苦恼，亦不能侵。所以他的心胸，宽和平颐；他已与宇宙为一体；其乐诚为极大。世界诸宗教，大约皆欲人得到此种幸福，诸宗教及诸哲学中，亦颇有以为人苟至此阶级，则修养之功，已为观止。柏拉图即以为人苟能见"一"之为真实而"多"之为虚妄，则哲学已毕其能事，而最大幸福，亦于是可得到矣。上章已述，阅之可知。

叔本华之意见不然。心已扩大之人，觉万有之为一，固可享一种幸福，然既觉万有之为一，则一切物之苦痛，亦即他自己之苦痛矣。此现象世界之中，甚多苦痛错误，盖此世界之根本，即是一大错误也。叔本华说：

> 一切的物，固皆应支持"存在"之全体，及其种族之存在，及其个体之存在，恰如其然，在如此情形之中，在如此世界之内，为偶然、错误、变迁及长短的苦痛之所制。在其所经验，或其所能经验之中，一切物皆得其所应得。盖一切物皆为意志所现，意志是错误，故世界亦是错误。世界自身存在之责任，更无他物可负，只世界自身能负之；盖他物亦无法能负此责任也。人类全体之价值，依道德的眼光观之，究竟如何，只须观人类之命运，便可知之。人类之命运，是缺乏、凶暴、苦痛、悲悯、死亡。永久的公道在此。若非人类全体真无价值，则其命运亦不致如是之惨。由此我们可说，世界之自身，即是世界之判词。假使我们将世界所有之苦痛，置于天平之一盘，将世界所有之罪恶，置于其别一盘，则其针必指正中无疑。（叔本华《世界如意志与观念》英译本第483页）

为"欺瞒之网"所包蔽之人，尚可自享其偶然所得之快乐；而心已扩大之人则不能。

> 若一人已知其自身之真我即在一切物之内，则必将以一切受苦之物之所受，为其自己之所受，以世界之苦痛，为其自己之苦痛。他已知宇宙之全，了然于其性质，而见其在于变灭，妄争，内的冲

突,及常久的苦痛之中。他每看受罪的人类,受罪的禽兽,及变灭的世界,便有此见。(同上书第 489 页)

若一人已不为个性原理所制,则所见,在无数人之苦痛中,一人一时之幸福的生活,机会所给与或谨慎所赢得者,实则乞丐之梦,在其中他是国王;但此梦必有醒时,而经验将教他知道,使他离开他受罪的生活者,不过一时之虚幻而已。(同上书第 456 页)

依柏拉图说,吾人若至概念世界,吾人将见苦痛仅为现象世界之所有。但依叔本华说,吾人若超过现象世界,吾人将更见幸福之为虚妄,苦痛之为真实。一切生活之要素是苦痛(同上书第 401 页)。所以有苦痛者,正因意志之肯定其自己。意志既肯定其自己,所以应负其责任,受其苦痛(同上书第 427 页)。此即是"永久的公道"。

第七节 "无"

然则吾人究将何以对待此世界?吾人其将奋斗以改良此世界,而希望将来可得一绝对好的境界耶?依叔本华说:

绝对的好是一自相矛盾的名词;最高的好,最大的幸福,二名所指,实系一物——意志最后的满足。但意志之不能因一个特殊的满足而停止欲求,正如时间之不能有始有终;所以更无一物,可以完全的,永远的,满足意志之欲求。(叔本华《世界如意志与观念》英译本第 1 册第 467 页)

有意志即有需要,有需要即有苦受。此即是永久的公道。所以如欲完全避免世间之苦痛,则唯有完全否定意志。叔本华说:

假使我们比人生如一条路,我们所必须走者;此路满铺红炭,只觉有清凉地方。为虚幻所欺罔者，或目下站在清凉地方，或见清凉地方甚近而奔赴之，即以此自慰安。但已看穿个性原理者，知"物之自身"之真性质，知宇宙之全，则已不能如此自慰安矣。他同时看见各处，于是即退。他转变方向；他不肯定他的意志（现象中所表现者），而否定之。此转变之现于外者，即是自实行诸德进而实行绝欲主义（asceticism）。（同上书第490页）

多数宗教，皆教行绝欲主义，特意违反意志所喜好，以灭绝意志。盖非如此不能脱离此充满苦痛之世界也。

如世界一切皆由于意志，则意志完全灭绝以后，将一切皆无，而成完全空虚矣。此又不然。依叔本华说，"无"乃一相对的概念（心理的），而常与其所无之事物有关。〔近人柏格森亦谓无有真无之真在。所谓无者，分析之则为二积极的成分：一种事物之观念及欲求或失望之感情。所以绝对的无——一切物皆无有——之观念，乃假而不真。所谓无者，仍即是有，不过其有与其时吾人之意志无关而已。（《创化论》英译本第283页）〕与正号（+）相反之负号（-），即表示此种性质。然此负号（-），自其反对方面观之，亦即是正号（+）。吾人现在既以意志及观念之世界为真实，而以为一切真实必在空间时间之内；灭绝意志，即是取消世界，取消时空，自吾人在现象世界中之眼光观之，当然见所余者只是空虚，只是"无"矣。若吾人能有相反的眼光，则可见正负符号，亦复调换，现在所谓真实，乃是虚幻，而现在所谓"无"者，乃是真实。但吾人现在既是要生活之意志，则此最后境界，当然只能以负号表之。（同上书第530页）我们不能知此境界是什么，所可知者，至多亦不过其非什么。此是一境界，在其中"无意志，无观念，无世界"（同上书第531页）。

若必问此境界果为何物，则唯于此有经验者，可以知之。然有此经验者，亦不能以自己经验语人。所以此问题竟不可答，盖此种境界，本来不但不可见，且亦不可思也。

第八节　余论

　　所以叔本华于其主要著作中，以三大卷讨论意志、观念与世界，而其说及"无"者，不过数页而已。故叔本华之所引入西方哲学者，不仅印度之哲学，且亦其哲学之方法也。至此种哲学之是否真，此种方法之是否对，则系另一问题，非本著所论。

第五章

快乐派——杨朱

在世界哲学史中,杨朱所持之快乐主义,最为极端而明确;今取之以为此派之例。

第一节 杨朱与道家之关系

在世界哲学史中,泛神论(Pantheism)之哲学往往可与以唯物论的释义。道家与斯宾诺莎,颇有相似之处,第二章中,已言及之。老子云"天地不仁"(《道德经》五章),此言可有诸种解释。我们固可说:"天地任自然,无为无造,万物自相治理,故不仁也。"(王弼注)如此,则不仁即是无意于为仁。但吾人亦可说:天地不仁,因自然本是盲力;其所以发生万物,乃因于必要(necessity)或偶然(chance),非由目的计画,故不能谓为仁也。此二解释,若引申之,则可成为二种极端反对的哲学。而现所传《列子》之中,则兼有此二种见解。《列子》中所说,有与《庄子》相同,且有直引《庄子》原文者;此其所持,当然为上述之第一种见解,而其书中,亦有持唯物论、机械论——第二种见解——之处。如《力命篇》云:

力谓命曰:"若之功奚若我哉?"命曰:"汝奚功于物而欲比朕?"

力曰:"寿夭,穷达,贵贱,贫富,我力之所能也。"命曰:"彭祖之智,不出尧舜之上,而寿八百。颜渊之才,不出众人之下,而寿四八。仲尼之德,不出诸侯之下,而困于陈蔡。殷纣之行,不出三仁之上,而居君位。季札无爵于吴;田恒专有齐国。夷齐饿于首阳;季氏富于展禽。若是汝力之所能,奈何寿彼而夭此,穷圣而达逆,贱贤而贵愚,贫善而富恶邪?"力曰:"若如若言,我固无功于物而物若此邪?此则若之所制邪?"命曰:"既谓之命,奈何有制之者邪?朕直而推之,曲而任之,自寿自夭,自穷自达,自贵自贱,自富自贫,朕岂能识之哉?朕岂能识之哉?"

又云:

然则管夷吾非薄鲍叔也,不得不薄;非厚隰朋也,不得不厚。厚之于始,或薄之于终;薄之于终,或厚之于始;厚薄之去来,弗由我也。

又云:

邓析操两可之说,设无穷之辞。当子产执政,作竹刑,郑国用之,数难子产之治,子产屈之。子产执而戮之,俄而诛之。然则子产非能用竹刑,不得不用;邓析非能屈子产,不得不屈;子产非能诛邓析,不得不诛也。

又《说符篇》云:

齐田氏祖于庭;食客千人。中坐有献鱼雁者。田氏视之,乃叹曰:"天之于民厚矣,殖五谷,生鱼鸟,以为之用。"众客和之如响。鲍氏之子,年十二,预于次,进曰:"不如君言。天地万物,与我并

> 生，类也。类无贵贱，徒以小大智力而相制，迭相食，非相为而生之。人取可食者而食之，岂天本为人生之？且蚊蚋嘬肤；虎狼食肉；非天本为蚊蚋生人，虎狼生肉者哉？"

此诚可为"天地不仁"之例矣。依此则不但天然之变化，是机械的，即人之活动，亦莫不然。神或人之自由、目的等，皆不能存。此诚是极端的决定论（Determinism）。《杨朱篇》中所持，正是此决定论；下文可见。或者老子死后，述其学者，因对于"道"有不同的解释，遂分为相反对之二派；正如苏格拉底死后，述其学者，因对于"好"之解释不同，遂分为三派；其中亦有相反对之二派：昔尼克学派（Cynics）与施勒尼学派（Cyrenaics）。《汉书·艺文志》所著录《列子》之书，内容若何，不可得知。不过现在所传《列子》，则实有二派之见解。或者后有道家者流，见二派俱自称道家，遂杂取其言，糅成一书，依附《汉志》，名曰《列子》。关于此点之详细讨论，非此书所宜及；今但即以杨朱代表道家哲学之机械主义的方面，而述其快乐主义。

第二节　杨朱之人生观

依杨朱之意见，人生甚短，且其中有大部分，严格地说，不是人生。杨朱曰：

> 百年，寿之大齐，得百年者，千无一焉。设有一者，孩抱以逮昏老，几居其半矣。夜眠之所弭，昼觉之所遗，又几居其半矣。痛疾，哀苦，亡失，忧惧，又几居其半矣。量十数年之中，逌然而自得，亡介焉之虑者，亦亡一时之中尔。（《列子·杨朱篇》）

生前既为暂时，死后亦归断灭。杨朱曰：

万物所异者生也，所同者死也。生则有贤愚贵贱，是所异也；死则有臭腐消灭，是所同也。虽然，贤愚贵贱，非所能也；臭腐消灭，亦非所能也。故生非所生，死非所死，贤非所贤，愚非所愚，贵非所贵，贱非所贱；然而万物齐生齐死，齐贤齐愚，齐贵齐贱。十年亦死，百年亦死；仁圣亦死，凶愚亦死。生则尧舜，死则腐骨；生则桀纣，死则腐骨；腐骨一矣，孰知其异？且趣当生，奚遑死后！

（《列子·杨朱篇》）

"且趣当生，奚遑死后"，即杨朱人生哲学之全部。人生之中，只有快乐享受为有价值，而人生之目的及意义，亦即在此。我们已见，属于所谓损道一类之哲学，皆主禁欲；而属于所谓益道一类之哲学，皆主纵欲。依杨朱，吾人在过去无有已失之乐园，只可于将来求诸欲之满足。欲益满足，则人生益为可乐。

第三节 杨朱之人生术

《杨朱篇》云：

晏平仲问养生于管夷吾。管夷吾曰："肆之而已；勿壅勿阏。"晏平仲曰："其目奈何？"夷吾曰："恣耳之所欲听；恣目之所欲视；恣鼻之所欲向；恣口之所欲言；恣体之所欲安；恣意之所欲行。夫耳之所欲闻者音声，而不得听，谓之阏聪。目之所欲见者美色，而不得视，谓之阏明。鼻之所欲向者椒兰，而不得嗅，谓之阏颤。口之所欲道者是非，而不得言，谓之阏智。体之所欲安者美厚，而不得从，谓之阏适。意之所欲为者放逸，而不得行，谓之阏性。凡此诸阏，废虐之主。去废虐之主，熙熙然以俟死，一日，一月，一年，十年，吾所谓养。拘此废虐之主，录而不舍，戚戚然以至久生，百年，千年，万年，非吾所谓养。

杨朱所认为求幸福之道如此。求满足诸欲，有一困难，即诸欲常相冲突。一切欲皆得满足，乃此世界中不可能之事。故求满足诸欲，第一须先选择，一切欲中，究竟何欲，应须满足。以上杨朱所说，似无选择，而其实已有。依上所说，则吾人只应求肥甘，而不求常久健康；肥甘固吾人之所欲，而常久健康，亦吾人之所欲也。依上所说，吾人只应任情放言，而不顾社会之毁誉；任情放言，固吾人之所欲，而社会之赞誉，亦吾人之所欲也。杨朱所选择，而所视为应行满足者，盖皆目下即能满足之欲，甚易满足之欲；至于须俟甚长时间，经过繁难预备，方能满足者，他一概不顾。杨朱甚重肉体快乐；其所以如此，或者即由在一切快乐中，肉体快乐最易得到。选取最近快乐，正所以避免苦痛。

第四节　不顾社会制裁

希腊施勒尼学派之哲学家谓：所谓公直、尊贵、耻辱等，俱非天然本然而有，乃系法律习惯所定。而法律习惯，依提奥多拉斯（Theodorus）说，乃因愚人之同意而存在〔见狄奥泽尼《著名哲学家传记》（Diogenes Laërtius: The Lives and Opinions of Eminent Philosophers）英译本第 91 页〕。法律习惯亦或有用，然所谓有用，乃对将来的利而言，非目下所可享受者。若不顾将来，只计目下，则各种法律及诸制度，诚只足"阏"诸欲而已。杨朱似亦反对法律制度；彼云：

人之生也奚为哉？奚乐哉？为美厚尔，为声色尔。而美厚复不可常厌足；声色不可常玩闻；乃复为刑赏之所禁劝，名法之所进退；遑遑尔竞一时之虚誉，规死后之余荣；偶偶尔慎耳目之观听，惜身意之是非；徒失当年之至乐，不能自肆于一时，重囚累梏，何以异哉？太古之人，知生之暂来，知死之暂往，故从心而动，不违自然所好；当身之娱，非所去也；故不为名所劝。从性而游，不逆万物所好；死后之名，非所取也；故不为刑所及。名誉先后，年命多少，

非所量也。(《杨朱篇》)

又云：

> 伯夷非亡欲，矜清之邮，以放饿死。展季非亡情，矜贞之邮，以放寡宗。清贞之误善若此。(同上)

所谓善当即是目前之快乐矣。

美名固亦吾人之所欲，此亦杨朱之所不必否认。故《杨朱篇》云：

> 鬻子曰："去名者无忧。"老子曰："名者实之宾。"而悠悠者趋名不已。名固不可去；名固不可宾邪？今有名则尊荣，亡名则卑辱；尊荣则逸乐，卑辱则忧苦。忧苦，犯性者也；逸乐，顺性者也；斯实之所系矣。名胡可去？名胡可宾？但恶夫守名而累实；守名而累实，将恤危亡之不救，岂徒逸乐忧苦之间哉？

若依此则名非不可贵，但若专为虚名而受实祸，则大可不必耳。况美名之养成，甚须时日，往往在甚远将来，或竟在死后。究竟将来享受美名之快乐，是否可偿现在牺牲目前快乐之损失，不可得知。至于死后美名，更无所用。杨朱云：

> 天下之美，归之舜、禹、周、孔；天下之恶，归之桀、纣。然而舜耕于河阳，陶于雷泽，四体不得暂安，口腹不得美厚，父母之所不爱，弟妹之所不亲，行年三十，不告而娶，及受尧之禅，年已长，智已衰，商钧不才，禅位于禹，戚戚然以至于死；此天人之穷毒者也。鲧治水土，绩用不就，殛诸羽山。禹纂业事仇，惟荒土功，子产不字，过门不入，身体偏枯，手足胼胝，及受舜禅，卑宫室，美绂冕，戚戚然以至于死；此天人之忧苦者也。武王既终，成王幼

弱，周公摄天子之政；邵公不悦，四国流言；居东三年，诛兄放弟，仅免其身，戚戚然以至于死；此天人之危惧者也。孔子明帝王之道，应时君之聘，伐树于宋，削迹于卫，穷于商周，围于陈蔡，受屈于季氏，见辱于阳虎，戚戚然以至于死；此天民之遑遽者也。凡彼四圣者，生无一日之欢，死有万世之名，名者固非实之所取也，虽称之弗知，虽赏之不知，与株块无以异矣。桀借累世之资，居南面之尊，智足以距群下，威足以震海内，恣耳目之所娱，穷意虑之所为，熙熙然以至于死；此天民之逸荡者也。纣亦借累世之资，居南面之尊，威无不行，志无不从，肆情于倾宫，纵欲于长夜，不以礼义自苦，熙熙然以至于诛；此天民之放纵者也。彼二凶也，生有从欲之欢，死被愚暴之名，实者固非名之所与也，虽毁之不知，虽罚之弗知，此与株块奚以异矣。彼四圣虽美之所归，苦以至终，同归于死矣。彼二凶虽恶之所归，乐以至终，亦同归于死矣。（《杨朱篇》）

又云：

太古之事灭矣，孰志之哉？三皇之事，若存若亡；五帝之事，若觉若梦。三王之事，或隐或显，亿不识一。当身之事，或闻或见，万不识一。目前之事，或存或废，千不识一。太古至于今日，年数固不可胜纪。但伏羲已来，三十余万岁，贤愚，好丑，成败，是非，无不消灭，但迟速之间耳。矜一时之毁誉，以焦苦其神形，要死后数百年中余名，岂足润枯骨，何生之乐哉？（同上）

苟使如此，吾人何必舍目前之快乐而求以后不可知之美名耶？

第五节　不顾任何结果

故杨朱所选取，只是目前快乐。如果目前快乐可以享受，则以后任何结果，皆所不顾。《杨朱篇》云：

> 卫端木叔者，子贡之世也，借其先赀，家累万金，不治世故，放意所好。其生民之所欲为，人意之所欲玩者，无不为也，无不玩也。墙屋台榭，园囿池沼，饮食车服，声乐嫔御，拟齐楚之君焉。至其情所欲好，耳所欲听，目所欲视，口所欲尝，虽殊方偏国，非齐土之所产育者，无不必致之，犹藩墙之物也。及其游也，虽山川阻险，涂径修远，无不必之，犹人之行咫步也。宾客在庭者日百住，庖厨之下，不绝烟火，堂庑之上，不绝声乐。奉养之余，先散之宗族；宗族之余，次散之邑里；邑里之余，乃散之一国。行年六十，气干将衰，弃其家事，都散其库藏，珍宝，车服，妾媵，一年之中尽焉，不为子孙留财。及其病也，无药石之储；及其死也，无瘗埋之资。一国之人，受其施者，相与赋而藏之，反其子孙之财焉。禽骨厘闻之，曰："端木叔，狂人也，辱其祖矣。"段干生闻之，曰："端木叔，达人也，德过其祖矣。其所行也，其所为也，众意所惊，而诚理所取。卫之君子，多以礼教自持，固未足以得此人之心也。"

吾人行为所能有之最坏结果是死。人之畏死，实足以使其多虑将来而不能安然享受目前快乐。所以哲学史中，快乐派之哲学家，多教人不必畏死；教人多宽自譬喻，以明死之不足畏。《杨朱篇》云：

> 管夷吾曰："吾既告子养生矣，送死奈何？"晏平仲曰："送死略矣，将何以告焉？"管夷吾曰："吾固欲闻之。"平仲曰："既死，岂在我哉？焚之亦可，沈之亦可，瘗之亦可，露之亦可，衣薪而弃诸沟壑亦可，衮衣绣裳而纳诸石椁亦可，唯所遇焉。"管夷吾顾谓鲍叔黄子曰："生死之道，吾二人进之矣。"

又云：

> 孟孙阳向杨子曰："有人于此，贵生爱身，以蕲不死，可乎？"曰："理无不死。""以蕲久生，可乎？"曰："理无久生。生非贵之所能存；身非爱之所能厚。且久生奚为？五情好恶，古犹今也。四体安危，古犹今也。世事苦乐，古犹今也。变易治乱，古犹今也。既闻之矣，既见之矣，既更之矣，百年犹厌其多，况久生之苦也乎？"孟孙阳曰："若然，速亡愈于久生，则践锋刃，入汤火，得所志矣。"杨子曰："不然，既生则废而任之，究其所欲，以俟于死；将死则废而任之，究其所之，以放于尽。无不废，无不任，何遽迟速于其间乎？"

西洋哲学史中，伊壁鸠鲁（Epicurus）亦云：

> 你须常想，死与我们，绝无关系，因一切好及不好，皆在感觉之中，而死乃是感觉绝灭。因此，我们若真正知死与我们无关，则我们有死的人生，于我们为可乐；盖此正确知识，使我们知人生有限，而可免于希求长生之苦。诸不好中之最凶顽者——死——与我们无关，因当我们存在时，死尚未至；及死至时，我们已不存在矣。
>
> （提奥泽尼《著名哲学家传记》英译本第469页）

死既不足畏，则吾人行为之任何结果，皆不足畏矣。

吾人应求目前之快乐，不计其将来结果之如何不好，亦应避目前之苦痛，不计其将来结果之如何好。《杨朱篇》云：

> 禽子问杨朱曰："去子体之一毛，以济一世，汝为之乎？"杨子曰："世固非一毛之所济。"禽子曰："假济，为之乎？"杨子弗应。禽子出语孟孙阳。孟孙阳曰："子不达夫子之心，吾请言之，有侵若

肌肤获万金者，若为之乎？"曰："为之。"孟孙阳曰："有断若一节得一国，子为之乎？"禽子默然有间。孟孙阳曰："一毛微于肌肤，肌肤微于一节，省矣。然则积一毛以成肌肤，积肌肤以成一节。一毛固一体万分中之一物，奈何轻之乎？"禽子曰："吾不能所以答子。然则以子之言问老聃关尹，则子言当矣。以吾言问大禹墨翟，则吾言当矣。"孟孙阳因顾与其徒说他事。

孟子云："杨子取为我，拔一毛而利天下不为也。"（《孟子·尽心上》）此后论者，多谓杨朱持为我主义（Egoism）。其实杨朱之意，非必为我。依上所说，即以天下与杨朱而易其一毛，彼亦不为。盖拔毛系目下之苦痛，得天下乃将来之结果。吾人应避目前苦痛，不计其将来能致如何大利；杨朱所持之道理如此。所谓"拔一毛而利天下不为"者，不过此道理之极端说法而已。

第六节　救世之法

此虽是一极端的道理，而杨朱却以此为救世之法。设举世之人，皆只求目前快乐，则自无争权争利之人；盖权与利皆非经繁难的预备及费力的方法，不能得到。如此则世人所取，只其所需；而其所需，又只限于其所能享受。如庄子云：

> 鹪鹩巢于深林，不过一枝；偃鼠饮河，不过满腹……予无所用天下为！（《庄子·逍遥游》）

如此则自无争夺矣。故杨朱云：

> 古之人，损一毫利天下，不与也；悉天下奉一身，不取也。人人不损一毫，人人不利天下，天下治矣。（《列子·杨朱篇》）

以此简单的方法，解决世界之复杂的问题，固未见其能有成。然此世界之混乱，实多由于人之争权争利。杨朱所说，固亦可持之有故而言之成理也。

第七节　余论

杨朱之快乐主义如此。若以与西方哲学比较，杨朱所持意见，与施勒尼派（Cyrenaics）所持极相合，与伊壁鸠鲁派（Epicureans）所持，原理上亦相合。施勒尼派"以肉体的快乐为在精神的快乐之上，以肉体的苦痛为在精神的苦痛之下"（提奥泽尼《著名哲学家传记》第90页）。

> 施勒尼派不以伊壁鸠鲁所说之无苦痛为乐；因无乐亦非苦；因快乐苦痛，皆因动而有，无苦无乐，皆非动也。（同上）

所以依施勒尼派，快乐必系积极的，为人力所致，以满足人之欲望者。杨朱所说，正是如此。上文又说，如求满足诸欲，第一先须选择。杨朱及施勒尼派虽已有所选择，但如依其所说而行，则仍不免困难。我们即专求目前快乐，不顾将来，然即如此，诸欲及诸人之欲之间，亦不免冲突。杨朱以为若使世界之上，人人皆只求目前快乐，则必各得所欲，无有争斗，而世界于以太平。他不知各得所欲，甚为非易；无有争斗，其实甚难。庄子之哲学，可谓为简单的理想化天然；杨朱之哲学，可谓为简单的理想化人为。

杨朱以为吾人只宜求目前快乐，不顾将来结果；吾人于此，亦不必以常人之见批评之；盖杨朱之根本意见，即以为吾人宁可快乐而生一日，不可忧苦而生百年也。然各种快乐，无论如何近在目前，皆必须用方法手段，始能得到。而此方法手段，又往往甚为可厌。若欲丝毫不牺牲而但得快乐，则必至一无所得（有笑话谓一人将出行，因其妻甚懒，特为制大饼，足敷数日食者，悬妻颈上，以备其用。数日后其人归，则其妻已饿死矣。视之，惟饼距口甚近之部分已食,其余则完整如故。此虽笑话,亦可见欲丝毫不费事而但得快乐,势必一无所得)。瓦特孙谓施勒尼派之哲学,实教人得快乐而又不必求之。(John Watson: *Hedonistic Theories from Aristippus to Spencer* 第42页)所以在西方哲学中,伊壁鸠鲁修正施勒尼派之说,以为无有苦痛,心神安泰,即是快乐。依他所说,吾人宜安分知足,于简单生活中求享受。《杨朱篇》中,似亦间有此意。如杨朱曰:

> 原宪窭于鲁;子贡殖于卫。原宪之窭损生;子贡之殖累身。然则窭亦不可,殖亦不可。其可焉在?曰:"可在乐生,可在逸身;故善乐生者不窭,善逸身者不殖。"(《列子·杨朱篇》)

此意即近于伊壁鸠鲁派之哲学矣。

然在伊壁鸠鲁派之理想生活中,人对于过去,既无信仰,对于将来,又无希望,但安乐随顺,以俟死之至;此或为一甚好境界,然亦有郁色矣。此等哲学,虽表面上是乐观的,而实则是真正的悲观的。

第六章

功利派——墨家

快乐派之哲学，以为在此世界之上，吾人可不费事而即能得到快乐。此种见解，未免太为乐观；其所以以悲观终，正因其以乐观始。功利派之哲学，虽亦以快乐为人生所应求，而但谓吾人应牺牲目前享受，以图将来快乐。此派注重在求最大多数之最大快乐，及所以求之之道。

墨家之哲学，即为极端的功利主义。他以功利主义为根据，对于社会、国家、道德、宗教，皆有具体的计画。功利主义之长处，他既发挥甚多；功利主义之短处，他亦暴露无余。所以本书以墨家之哲学，为功利主义之代表。

在西洋哲学史中，与墨家哲学最相近者，为边沁（Jeremy Bentham）及霍布士（Thomas Hobbes）。今于本章中随时比较论之。

第一节 普通原理

边沁云：

"天然"使人类为二种最上威权所统治；此二威权，即是快乐与苦痛。只此二威权，能指出人应做什么，决定人将做什么。功利哲学，即承认人类服从此二威权之事实，而以之为哲学之基础。此哲学之目的，在以理性法律，维持幸福。［边沁《道德立法原理导言》（An Introduction to the Principles of Morals and Legislation）第 1 页］

墨家哲学正是如此主张。边沁所谓快乐苦痛，墨家谓之利害，即可以致快乐苦痛者。《墨子·经上》云：

> 利，所得而喜也；害，所得而恶也。

边沁所谓理性，墨家谓之智。欲是盲目的，必须智之指导，方可趋将来之利而避将来之害。《墨子·经说上》云：

> 为，欲斱（斫也，本作難，依孙诒让校改）其指，智不知其害，是智之罪也。若智之慎之（本作文，依孙校改）也，无遗于其害也，而犹欲斱之，则㬥之。是犹食脯也，骚之利害（孙云，疑言臭之善恶），未可知也；欲而骚，是不以所疑止所欲也。墙外之利害，未可知也，趋之而得刀（本作力，依孙校改），则弗趋也，是以所疑止所欲也。

智之功用，在于逆睹现在行为之结果。结果既已逆睹，智可引导吾人，以趋利避害，以舍目前之小利而避将来之大害，或以受目前之小害而趋将来之大利。此即所谓"权"。《大取篇》云：

> 于所体之中而权轻重之谓权。权非为是也，亦（本作非，依孙校改）非为非也；权，正也。断指以存腕，利之中取大，害之中取小也。害之中取小也，非取害也，取利也；其所取者，人之所执也。遇盗人而断指以免身，利也；其遇盗人，害也……利之中取大，非不得已也。害之中取小，不得已也。所未有而取焉，是利之中取大也。于所既有而弃焉，是害之中取小也。

于此可见快乐派与功利派之不同。依功利派，吾人所应取者，乃大利而非目前之利；所应避者，乃大害而非目前之害。

第二节　客观的标准

依快乐派，主观的感觉即判别好不好之标准；无有客观的标准，亦无须有客观的标准。但依功利派，吾人所为之标准，必须是客观的，否则即不成其为标准。边沁云：

> 吾人所期望于一原理者，在其能指出些客观的标准，以为主观的赞否之情之指导与保证；若一原理即仅只以此情之一为其自身之标准，则未免为不副吾人之期望矣。（《道德立法原理导言》第16页）

《墨子·非命上》云：

> 子墨子言曰："必立仪；言而毋仪，譬犹运钧之上而立朝夕者也；是非利害之辨，不可得而明知也。故言必有三表。"何谓三表？子墨子言曰："有本之者，有原之者，有用之者。于何本之？上本之于古者圣王之事；于何原之？下原察百姓耳目之实；于何用之？发以为刑政，观其中国家百姓人民之利。此所谓言有三表也。"

此三表诚可谓客观的矣。"古者圣王之事"所以可为一表，以其代表吾人过去之经验，正如第二表代表现在之经验，第三表代表将来之经验也。"古者圣王之事"之可以为法，非因其古，乃因其"当而不可易"也。《墨子·公孟篇》云：

> 子墨子与程子辩，称于孔子。程子曰："非儒，何故称于孔子也？"子墨子曰："是亦当而不可易者也。今鸟闻热旱之忧则高，鱼

闻热旱之忧则下；当此，虽禹汤为之谋，必不可易矣。乌鱼可谓愚矣；禹汤犹云因焉。今翟曾无称于孔子乎。"

墨家之所称述，皆因其"当而不可易"；其返求于过去，正因观古可以知来。墨子云：

古者有语："谋而不得，则以往知来。"（《非攻中》）

第三节　实用主义的方法

上三表中，最重要者，乃其第三。"国家百姓人民之利"，乃墨家估定一切价值之标准。凡事物必有所用，言论必可以行，然后有价值。《公孟篇》云：

子墨子问于儒者曰（本作日问于儒者，依苏校改）："何故为乐？"曰："乐以为乐也。"子墨子曰："子未我应也。今我问曰：'何故为室？'曰：'冬避寒焉，夏避暑焉，室以为男女之别也。'则子告我为室之故矣。今我问曰：'何故为乐？'曰：'乐以为乐也。'是犹曰：'何故为室？'曰：'室以为室也。'"

《耕柱篇》云：

叶公子高问政于仲尼，曰："善为政者若之何？"仲尼对曰："善为政者，远者近之，而旧者新之。"子墨子闻之曰："叶公子高未得其问也；仲尼亦未得其所以对也。叶公子高岂不知善为政者之远者近之而旧者新之哉？问所以为之若之何也。不以人之所不知告人，以所知告之，故叶公子高未得其问也，仲尼亦未得其所以对也。"

又云：

> 子墨子曰："言足以复行者常之；不足以举行者勿常。不足以举行而常之，是荡口也。"

"什么是乐？"及"什么是乐之用处？"此二问题，自墨家视之，直即是一。儒家说乐以为乐；墨家不承认为乐可算一种用处；盖为乐乃求目前快乐，非为将来计也。不可行及不告人以行之之道之言论，不过为一种"理知的操练"（intellectual exercise），虽可与吾人以目前快乐，而对于将来，亦为无用，所以亦无有价值也。

第四节　何为人民之大利

凡事物必中国家百姓人民之利，方有价值。国家百姓人民之利即是人民之"富"与"庶"。凡能使人民富庶之事物，皆为有用，否者皆为无益或有害；一切价值，皆依此估定。《节用上》云：

> 圣人为政一国，一国可倍也；大之为政天下，天下可倍也。其倍之，非外取地也。因其国家，去其无用之费，足以倍之……故孰为难倍？唯人为难倍。然人有可倍也。昔者圣王为法曰：丈夫年二十，毋敢不处家；女子年十五，毋敢不事人；此圣王之法也。圣王既没，于民恣也。其欲蚤处家者，有所二十年处家；其欲晚处家者，有所四十年处家。以其蚤与其晚相践，后圣王之法十年。若纯三年而字，子生可以二三年矣。此不惟使民蚤处家而可以倍与？

于此节亦可见功利派之"算账主义"。快乐派最反对算账，而功利派则最注重算账。墨家既以人民之富庶为国家百姓人民之大利，故凡对之无直接用处或对之有害者，皆其所反对。所以墨家崇尚节俭，反对奢侈。《节用中》云：

是故古者圣王制为节用之法，曰："凡天下群百工，轮车鞼匏，陶冶梓匠，使各从事其所能。"曰："凡足以奉给民用则止；诸加费不加于民利者，圣王弗为。"……古者圣王制为衣服之法，曰："冬服绀緅之衣，轻且暖，夏服缔绤之衣，轻且清，则止；诸加费不加于民利者，圣王弗为。"古者圣人为猛禽狡兽，暴人害民，于是教民以兵，行日带剑，为刺则入，击则断，旁击而不折，此剑之利也。甲为衣则轻且利，动则兵且从，此甲之利也。车为服重致远，乘之则安，引之则利；安以不伤人，利以速至，此车之利也。古者圣王为大川广谷之不可济，于是制（本作利，依王念孙校改）为舟楫，足以将之则止。虽上者三公诸侯至，舟楫不易，津人不饰，此舟之利也。古者圣王制为节葬之法，曰："衣三领足以朽肉，棺三寸足以朽骸，堀穴深不通于泉，流不发泄则止。死者既葬，生者毋久丧用哀。"古者人之始生，未有宫室之时，因陵丘堀穴而处焉。圣王虑之，以为堀穴，曰："冬可避风寒，逮夏，下润湿，上熏蒸，恐伤民之气。"于是作为宫室而利。然则为宫室之法，将奈何哉？子墨子曰："其旁可以围寒风，上可以围雪霜雨露，其中蠲洁可以祭祀，宫墙足以为男女之别，则止。诸加费不加民利者，圣王弗为。"

墨家又主张节葬短丧。《节葬下》云：

上士之操丧也，必扶而能起，杖而能行，以此共三年。若法若言，行若道，使王公大人行此，则必不能蚤朝……使农夫行此，则必不能蚤出夜入，耕稼树艺。使百工行此，则必不能修舟车，为器皿矣。使妇人行此，则必不能夙兴夜寐，纺绩织紝。计厚葬为多埋赋财（本作多埋赋之财，依孙校改）者也；计久丧为久禁从事者也。财已成者，挟而埋之，后得生者而久禁之。以此求富，此譬犹禁耕而求获也，富之说无可得焉，是故以求富家，而既已不可矣。欲以众人民，意者可邪？其说又不可矣。今唯无以厚葬久丧者为政；君死，丧之三年；父母死，丧之三年；妻与后子死者，五皆丧之三年；然后伯父，叔父，兄弟，孽子，期；族人，五月；姑，姊，甥，舅，皆有月数；则毁瘠必有制矣。使面目陷陬，颜色黧黑，耳目不聪明，手足不劲强，不可用也。又曰：上士操丧也，必扶而能起，杖而能行，以此共三年。若法若言，行若道，苟其饥约又若此矣。是故百姓冬不忍寒，夏不忍暑，作疾病死者，不可胜计也。此其为败男女之交多矣；以此求众，譬犹使人负剑而求其寿也。

墨家又反对音乐；《非乐上》云：

　　舟用之水，车用之陆，君子息其足焉，小人休其肩背焉。故万民出财，赍而予之，不敢以为戚恨者，何也？以其反中民之利也。然则乐器反中民之利亦若此，即我弗敢非也。然则当用乐器，譬之若圣王之为舟车也，即我弗敢非也。民有三患：饥者不得食，寒者不得衣，劳者不得息；三者民之巨患也。然当即为之撞巨钟，击鸣鼓，弹琴瑟，吹竽笙，而扬干戚，民衣食之财，将安可得乎？即我以为未必然也。意舍此。今有大国即攻小国，有大家即伐小家，强劫弱，众暴寡，诈欺愚，贵傲贱，寇乱盗贼并兴，不可禁止也。然即当为之撞巨钟，击鸣鼓，弹琴瑟，吹竽笙，而扬干戚，天下之乱也，将安可得而治与？即我以为未必然也。是故子墨子曰："姑尝厚措敛乎万民，以为大钟鸣鼓琴瑟竽笙之声，以求兴天下之利，除天下之害，而无补也。"是故子墨子曰："为乐非也。"

乐既为无用而可废，则他诸美术，亦当然在被摈斥之列。墨家主以理智反天然，于此可见。音乐美术，皆系情感之产物，亦只能动情感，由理智观之，则不惟无用，而且无意义。儒家所说居丧之道，颜色之戚，哭泣之哀，由理智观之，亦同一无意义。《公孟篇》云：

> 公孟子曰："三年之丧，学吾子之慕父母。"（本作学吾之慕父母，依俞樾校改）子墨子曰："夫婴儿子之知，独慕父母而已。父母不可得也，然号而不止，此其故何也？即愚之至也。然则儒者之知，岂有以贤于婴儿子哉？"

依墨家之意，理智不但应统治欲望，且应统治情感。此又功利派与快乐派之大不同处也。

第五节　兼爱

一切奢侈文饰，固皆不中国家人民之利，然犹非其大害。国家人民之大害，在于国家人民之互相争斗，无有宁息；而其所以互相争斗之原因，则起于人之不相爱。《兼爱下》云：

> 仁人之事者，必务求兴天下之利，除天下之害。然当今之时，天下之害孰为大？曰：大国之攻小国也，大家之乱小家也，强之劫弱，众之暴寡，诈之谋愚，贵之傲贱，此天下之害也。又与为人君者之不惠也，臣者之不忠也，父者之不慈也，子者之不孝也，此又天下之害也。又与今人之贱人，执其兵刃毒药水火，以交相亏贼，此又天下之害也。姑尝本原若众害之所自生，此胡自生？此自爱人利人生与？即必曰：非然也。必曰：从恶人贼人生。分名乎天下恶人而贼人者，兼与？别与？即必曰：别也。然即之交别者，果生天下之大害者与？是故别非也……非人者必有以易之……是故子墨子曰：兼以易别。然即兼之可以易别之故何也？曰：借为人之国，若为其国，夫谁独举其国以攻人之国者哉？为彼者犹为己也。为人之都，若为己都，夫谁独举其都以伐人之都哉？为彼犹为己也。为人

之家若为其家，夫谁独举其家以乱人之家者哉？为彼犹为己也。然即国都不相攻伐，人家不相乱贼，此天下之害与？天下之利与？即必曰：天下之利也。姑尝本原若众利之所自生，此胡自生？此自恶人贼人生与？即必曰：非然也。必曰：从爱人利人生。分名乎天下爱人而利人者，别与？兼与？即必曰：兼也。然即之交兼者，果生天下之大利者与？是故子墨子曰：兼是也。且乡吾本言曰：仁人之事者，必务求兴天下之利，除天下之害，今吾本原兼之所生天下之大利者也，吾本原别之所生天下之大害者也。是故子墨子曰：别非而兼是者，出乎若方也。今吾将正求兴天下之利而取之，以兼为正，是以聪耳明目，相与视听乎；是以股肱毕强，相为动宰乎。而有道肆相教诲，是以老而无妻子者，有所侍养以终其寿；幼弱孤童之无父母者，有所放依以长其身。今唯毋以兼为正，即若其利也。不识天下之士所以皆闻兼而非者，其故何也？然而天下之士非兼者之言，犹未止也。曰：即善矣，虽然，岂可用者？子墨子曰：用而不可，虽我亦将非之；且焉有善而不可用者？姑尝两而进之，设以为二士，使其一士者执别，使其一士者执兼。是故别士之言曰：吾岂能为吾友之身若为吾身？为吾友之亲若为吾亲？是故退睹其友，饥即不食，寒即不衣，疾病不侍养，死丧不葬埋，别士之言若此，行若此。兼士之言不然，行亦不然，曰：吾闻为高士于天下者，必为其友之身若为其身，为其友之亲若为其亲，然后可以为高士于天下。是故退睹其友，饥则食之，寒则衣之，疾病侍养之，死丧葬埋之，兼士之言若此，行若此。若之二士者，言相非而行相反与？当使若二士者，言必信，行必果，使言行之合，犹合符节也，无言而不行也。然即敢问：今有平原广野于此，被甲婴胄，将往战，死生之权，未可识也；又有君大夫之远使于巴越齐荆，往来及否，未可识也；然即敢问：不识将恶从也，家室奉承亲戚，提挈妻子，寄托之，不识于兼之有是乎？于别之有是乎？我以为当其于此也，天下无愚夫愚妇，虽非兼之人，必寄托之于兼之有是也。此言而非兼，择即取兼，即此言行拂也。不识天下之士,所以皆闻兼而非之者,其故何也?然而天下之士,非兼者之言,犹未止也。曰:意可以择士而不可以择君乎?姑尝两而进之。设以为二君;使其一君者执兼,使其一君者执别。是故别君之言曰:吾恶能为吾万民之身若为吾身,此泰非天下之情也。人之生乎地上之无几何也,譬之犹驷驰而过隙也。是故退睹其万民,饥即不食,寒即不衣,疾病不侍养,死丧不葬埋。别君之言若此,行若此。兼君之言不然,行亦不然;曰:吾闻为明君于天下者,必先万民之身,后为其身,然后可以为明君于天下。是故退睹其万民,饥即食之,寒即衣之,疾病侍养之,死丧葬埋之。兼君之言若此,行若此。然即交兼交别若之二君者,言相非而行相反与?常使若二君者,言必信,行必果,使言行之合,犹合符节也,无言而不行也。然即敢问:今岁有疠疫,万民多有勤苦冻馁,转死沟壑中者,既已众矣。不识将择之二君者,将何从也?我以为当其于此也,天下无愚夫愚妇,虽非兼者,必从兼君是也。言而非兼,择即取兼,此言行拂也。不识天下所以皆闻兼而非之者,其故何也?

天下之大患,在于人之不相爱,故墨家以兼爱之说救之〔墨家所说之兼爱,与儒家所说之仁,究竟有何不同之处,历来议论纷纭,均未明白指出。宋儒多云:墨子但知"理一",不知"分殊"。然此但可以批评墨家之"爱无差等"耳。"爱无差等",固与儒家之说不合,然依我之见,此犹非儒墨根本不同之处。儒墨根本不同之处,在于儒家以为,人之性中,本有仁之德,本性而行,自然而仁;而墨家则以为兼爱有利,不兼爱有害,为趋利避害,故须兼爱。所以孟子说:恻隐之心,人皆有之;扩而充之,则仁不可胜用矣。《墨子·兼爱篇》中所说,则纯就功利方面立论。以此书中所用之术语言之,儒家以为仁——及他道德——是天然的,而墨家则以为仁——及他道德——是人为的(看本章下文便明)。告子以为性犹杞柳,义犹杯棬,以人性为仁义,犹以杞柳为杯棬;孟子斥为"义外"。盖告子以为义乃人为的(故为外),而孟子则以为义乃天然的(故为内)也。(参看第三章第一节)以"义外"批评告子之学说，可谓中肯矣。孟子与告子之不同，在一谓义内，一谓义外；儒墨之不同，亦在一主仁内，一主仁外，孟子对于告子之批评，一语中的（其批评之是否不错，乃另一问题），对于墨子之批评，则多枝节模糊；心知其与儒家之说不合，而未能将其根本不合之处，明白指出。此甚明白之一点，宋儒亦未见到，亦可异矣］。兼爱之道，不唯于他人有利，且于行兼爱之道者亦有利，不唯"利他"，亦且"利自"。

墨家既以天下之大害，在于人之交争，而天下之大利，在于人之兼爱，故非攻。《非攻中》云：

> 今师徒唯毋兴起；冬行恐寒，夏行恐暑，此不可以冬夏为者也。春则废民耕稼树艺，秋则废民获敛；今唯毋废一时，则百姓饥寒冻馁而死者，不可胜数。今尝计军出，竹箭，羽旄，幄幕，甲盾拨劫，往而靡弊腑冷不反者，不可胜数。又与矛戟，戈剑，乘车，其往则碎折靡弊而不反者，不可胜数。与其牛马肥而往，瘠而反，往死亡而不反者，不可胜数。与其涂道之修远，粮食辍绝而不继，百姓死者，不可胜数也。与其居处之不安，食饭之不时，饥饱之不节，百姓之道疾病而死者，不可胜数。丧师多不可胜数，丧师尽不可胜计，则是鬼神之丧其主后，亦不可胜数。国家发政，夺民之用，废民之利，若此甚众，然而何为为之？曰：我贪伐胜之名，及得之利，故为之。子墨子言曰：计其所自胜，无所可用也；计其所得，反不如所丧者之多……饰攻战者言曰：南则荆吴之王，北则齐晋之君，始封于天下之时，其土地之方，未至有数百里也；人徒之众，未至有数十万人也。以攻战之故，土地之博至有数千里也，人徒之众至有数百万人。故当攻战而不可非也。子墨子言曰：虽四五国则得利焉，犹谓之非行道。譬若医之药人之有病者然。今有医于此，和合其祝药之于天下之有病者而药之。万人食此，若医四五人得利焉，犹谓之非行药也。故孝子不以养其亲，忠臣不以食其君。古者封国于天下，尚者以耳之所闻，近者以目之所见，以攻战亡者，不可胜数。

边沁以为道德及法律之目的，在于求"最大多数之最大幸福"；墨家亦然。

第六节 宗教的制裁

墨家虽以为兼爱之道乃唯一救世之法，而却未以为人本能相爱。《所染篇》云：

> 子墨子见染丝者而叹曰："染于苍则苍，染于黄则黄；所入者变，其色亦变；五入而已则为五色矣；故染不可不慎也。"

墨家以人性如素丝，其善恶全在"所染"。吾人固应以兼爱之道染人，使交相利而不交相害；然普通人民，所见甚近，未能皆使其有见于兼爱之利，交别之害。故墨家注重种种制裁［边沁谓人之快乐苦痛，有四来源，即物质的，政治的，道德的，宗教的。法律及行为规则，皆利用此四者所生之苦痛快乐，以为劝惩，而始有强制力，故此四者，名曰制裁（sanctions）。（边沁《道德立法原理导言》第25页）］，以使人交相爱。

墨家注重宗教的制裁，以为有上帝在上，赏兼爱者而罚交别者。《天志上》云：

> 故天子者，天下之穷贵也，天下之穷富也。故欲富且贵者，当天意而不可不顺。顺天意者，兼相爱，交相利，必得赏；反天意者，别相恶，交相贼，必得罚。然则是谁顺天意而得赏者？谁反天意而得罚者？子墨子言曰："昔三代圣王，禹汤文武，此顺天意而得赏者；昔三代之暴王，桀纣幽厉，此反天意而得罚者也。"然则禹汤文武，其得赏何以也？子墨子言曰："其事上尊天，中事鬼神，下爱人；故天意曰：此之我所爱，兼而爱之；我所利，兼而利之；爱人者此为博焉，利人者此为厚焉。故使贵为天子，富有天下，业万世，

子孙传称其善,方施天下,至今称之,谓之圣王。"然则桀纣幽厉,其得罚何以也?子墨子言曰:"其事上诟天,中诟鬼,下贼人,故天意曰:此之我所爱,别而恶之;我所利,交而贼之;恶人者此为博也,贼人者此为厚也。故使不得终其寿,不殁其世,至今毁之,谓之暴王。"然则何以知天之爱天下之百姓?以其兼而明之。何以知其兼而明之?以其兼而有之。何以知其兼而有之?以其兼而食焉。何以知其兼而食焉?四海之内,粒食之民,莫不犓牛羊,豢犬彘,洁为粢盛酒醴,以祭祀于上帝鬼神。天有邑人,何用弗爱也?且吾言杀一不辜者,必有一不祥。杀不辜者谁也?则人也;予人不祥者谁也?则天也。若以天为不爱天下之百姓,则何故以人与人相杀而天予之不祥?此我所以知天之爱天下之百姓也。

墨家以此证明上帝之存在及其意志之如何;其论证之理论,可谓浅陋。不过墨家对于形上学本无兴趣,其意亦只欲设此制裁,使人交相爱而已。《天志中》云:

天之意不欲大国之攻小国也,大家之乱小家也;强之暴寡,诈之谋愚,贵之傲贱;此天之所不欲也。不止此而已;欲人之有力相营,有道相教,有财相分也;又欲上之强听治也,下之强从事也。上强听治,则国家治矣;下强从事,则财用足矣。若国家治,财用足,则内有以洁为酒醴粢盛,以祭祀天鬼;外有以为环璧珠玉以聘挠四邻。诸侯之冤不兴矣,边境兵甲不作矣,内有以食饥息劳,持养其万民,则君臣上下惠忠,父子兄弟慈孝。故唯毋明乎顺天之意,奉而光施之天下,则刑政治,万民和,国家富,财用足,百姓皆得暖衣饱食,便宁无忧。是故子墨子曰:"今天下之君子,中实将欲遵道利民,本察仁义之本,天之意不可不慎也。"

上帝之外,又有鬼神,其能"赏善罚暴"与上帝同,《明鬼下》云:

逮至昔三代圣王既没，天下失义，诸侯力征，是以存夫为人君臣上下者之不惠忠也，父子弟兄之不慈孝弟长贞良也，正长之不强于听治，贱人之不强于从事也，民之为淫暴寇乱盗贼，以兵刃毒药水火，御无罪人乎道路术径，夺人车马衣裘以自利者，并作。由此始是以天下乱；此其故何以然也？则皆以疑惑鬼神之有与无之别，不明乎鬼神之能赏贤而罚暴也。今若使天下之人，偕若信鬼神之能赏贤而罚暴也，则夫天下岂乱哉？

虽有鬼神，人亦须"自求多福"，不可但坐而俟神佑。《公孟篇》云：

子墨子有疾，跌鼻进而问曰："先生以鬼神为明，能为祸福；为善者赏之，为不善者罚之。今先生，圣人也。何故有疾？意者先生之言有不善乎？鬼神不明知乎？"子墨子曰："虽使我有疾，鬼神何遽不明？人之所得于病者多方：有得之寒暑，有得之劳苦。百门而闭一门焉，则盗何遽无从入？"

墨家既以诸种制裁，使人交相爱而不交相别，故非命。上帝鬼神及国家之赏罚，乃人之行为所自招，非命定也。若以此为命定，则诸种赏罚，皆失其效力矣。《非命上》云：

是故古之圣王，发宪出令，设以为赏罚，以劝贤沮暴。是以入则孝慈于亲戚，出则弟长于乡里，坐处有度，出入有节，男女有辨，是故使治官府则不盗窃，守城则不崩叛，君有难则死，出亡则送，此上之所赏，而百姓之所誉也。执有命者之言曰："上之所赏，命固且赏，非贤故赏也。"是故入则不慈孝于亲戚，出则不弟长于乡里，坐处不度，出入无节，男女无辨，是故治官府则盗窃，守城则崩叛，君有难则不死，出亡则不送，此上之所罚，百姓之所非毁也。执有命者言曰："上之所罚，命固且罚，不暴故罚也。"以此为君则不义，为臣则不忠,为父则不慈,为子则不孝,为兄则不良,为弟则不弟,而强执此者,此特凶言之所自生,而暴人之道也。

第七节　政治的制裁

于宗教的制裁之外,墨家又注重政治的制裁。他以为欲使世界和平,人民康乐,吾人不但需有一上帝于天上,且亦需有一上帝于人间。《尚同上》云:

> 古者民始生未有政长之时,盖其语曰天下之人异义;是以一人则一义,二人则二义,十人则十义;其人兹众,其所谓义者亦兹众。是以人是其义,以非人之义,故交相非也。是以内者父子兄弟作怨恶,离散不能相和合。天下之百姓,皆以水火毒药相亏害,至有余力不能以相劳;腐臭余财,不以相分,隐匿良道,不以相教。天下之乱,如禽兽然。夫明乎天下之所以乱者,生于无政长。故选择天下之贤可者,立以为天子……正长既已具;天子发政于天下之百姓,言曰:闻善而不善,皆以告其上;上之所是,必皆是之,上之所非,必皆非之。

在西洋近代哲学史中,霍布士以为人之初生,无有国家,在所谓"天然状态"之中;于其时人人皆是一切人之仇敌,互相争夺,终日战争。人不满意于此状态,故不得已而设一绝对的统治者而相约服从之。国家之起源如此,故其威权应须绝大;不然则国家解体而人复返于"天然状态"中矣。国家威权之绝对,有如上帝,不过上帝永存,而国家有死而已。(Leviathan, Pt. II, Chap. 17)墨家之政治哲学,可谓与霍布士所说极相似。

在未有国家刑政之时,既因是非标准之无定而大乱;故国家既立之后，天子之号令，即应为绝对的是非标准。除此之外，不应再有任何标准。故除政治的制裁外，不应再有社会的制裁。《尚同下》云：

> 今此何为人上而不能治其下，为人下而不能事其上；则是上下相贼也。何故以然？则义不同也。若苟义不同者有党，上以若人为善，将赏之；若人虽使得上之赏，而避百姓之毁，是以为善者必未可使劝，见有赏也。上以若人为暴，将罚之；若人虽使得上之罚，而怀百姓之誉，是以为暴者未必可使沮，见有罚也。故计上之赏誉不足以劝善，计其毁罚不足以沮暴；此何故以然？则义不同也。

霍布士以为"国家之病"，盖有多端，其一即起于"煽惑人之学说之毒；此种学说以为每一私人，对于善恶行为，皆可判断"（*Leviathan*, Pt. Ⅱ, Chap. 29）。墨家之见，正与相同，故以为一切人皆应"上同而不下比"。《尚同下》云：

> 然则欲同一天下之义，将奈何可？……然胡不尝试用家君发宪布令其家，曰：若见爱利家者必以告，若见恶贼家者必以告。若见爱利家以告，亦犹爱利家者也；上得且赏之，众闻则誉之。若见恶贼家不以告，亦犹恶贼家者也；上得且罚之，众闻则非之。是以遍若家之人，皆欲得其长上之赏誉，避其毁罚，是以善，言之，不善，言之；家君得善人而赏之，得暴人而罚之。善人之赏，而暴人之罚，则家必治矣。然计若家之所以治者何也？唯以尚同一义为政故也……故又使家君总其家之义，以尚同于国君……故又使国君选其国之义，以尚同于天子。天子亦为发宪布令于天下之众曰：若见爱利天下者必以告，若见恶贼天下者亦以告。若见爱利天下以告者，亦犹爱利天下者也；上得则赏之，众闻则誉之。若见恶贼天下不以告者，亦犹恶贼天下者也；上得则罚之，众闻则非之。是以遍天下之人，皆欲得其长上之赏誉，避其毁罚，是以见善不善者告之。天

子得善人而赏之，得暴人而罚之。善人赏而暴人罚，天下必治矣。然计天下之所以治者何也？惟以尚同一义为政故也。天下既已治，天子又总天下之义，以尚同于天。

在下者既皆须同于上，而在上者又唯以兼相爱交相利为令，如此则天下之人，必皆非兼相爱不可矣。然"尚同"之极，必使人之个性，毫无发展余地。荀子云："墨子有见于齐，无见于畸。"（《天论篇》）其所以"无见于畸"，正因其太"有见于齐"也。所尤可注意者，墨家虽谓人皆须从天志，然依"尚同"之等级，则唯天子可尚同于天；天子代天发号施令，人民只可服从天子。故依墨家之意，不但除政治的制裁外无有社会的制裁，即宗教的制裁亦必为政治的制裁之附庸。此意亦复与霍布士之说相合。霍布士亦以为教会不能立于国家之外而有独立的主权；否则国家分裂，国即不存。他又以为若人民只奉个人的信仰而不服从法律，则国亦必亡（Leviathan, Pt. II, Chap.29）。依墨家天子尚同于天之说，则上帝及主权者之意志，相合为一，无复冲突；盖所说之天子，已君主而兼教皇矣。

第八节　余论

人之欲望互相冲突，乃一明显事实。快乐派忽视此事实，故以为吾人若只求目前快乐，世间便可无事。墨家知人类之弱点，故特设诸种制度，又立一上帝于天上，国家于人间，以其赏罚之劝沮，使人勉求其最大幸福。

中国哲学史中，有性善性恶之争；西洋哲学史中，有天然与人定之辩（见第三章第一节）；此争辩之意义，于此大可见。依道德由人定之说，人之来源甚"低"，其本性中，并无道德。人之所以定为道德，盖见非有此不可。道家主张极端的个人自由，墨家主张极端的国家制裁。墨家所以如此主张者，盖亦见非如此不可耳。

墨家以为吾人宜牺牲一切以求富庶，此说亦极有根据。依天演论所说，凡生物皆求保存其自我及其种族。依析心术（Psychoanalysis）派之心理学所说，吾人诸欲中之最强者，乃系自私之欲及男女之欲。中国古亦有云："食，色，性也。"墨家之意，亦欲世上之人，皆能维持生活，而又皆能结婚生子，使人类日趋繁荣而已。兼爱之道，国家之制，以及其他方法，皆所以达此目的者也。

此根本之义，本无可非；不过此学说谓吾人应牺牲一切目前享受，以达将来甚远之目的，则诚为过于算账。快乐派之杨朱太不顾将来；功利派之墨子，则对于将来，太为过虑。《庄子》云：

> 不侈于后世，不靡于万物，不晖于数度，以绳墨自矫，而备世之急。古之道术有在于是者，墨翟禽滑厘闻其风而说之，为之大过，已之大循，作为"非乐"，命之曰"节用"，生不歌，死无服。墨子泛爱兼利而非斗，其道不怒，又好学而博，不异，不与先王同，毁古之礼乐。黄帝有《咸池》，尧有《大章》，舜有《大韶》，禹有《大夏》，汤有《大濩》，文王有《辟雍》之乐，武王周公作《武》。古之丧礼，贵贱有仪，上下有等；天子棺椁七重，诸侯五重，大夫三重，士再重。今墨子独生不歌，死不服，桐棺三寸而无椁，以为法式；以此教人，恐不爱人；以此自行，固不爱己；未败墨子道。虽然，歌而非歌，哭而非哭，乐而非乐，是果类乎？其生也勤，其死也薄，其道大觳；使人忧，使人悲，其行难为也；恐其不可以为圣人之道。反天下之心，天下不堪；墨子虽独能任，奈天下何；离于天下，其去王也远矣。（《天下篇》）

此批评可谓正当，墨学不行于后世，或亦以是故也。

荀子谓墨子"蔽于用而不知文"（《解蔽篇》）；然刘向《说苑》云：

> 禽滑厘问于墨子曰："锦绣絺紵，将安用之？"墨子曰："……今当凶年，有欲予子随侯之珠者，不得卖也，珍宝而以为饰；又欲予

子一钟粟者。得珠者不得粟；得粟者不得珠；子将何择？"禽滑厘曰："吾取粟耳；可以救穷。"墨子曰："诚然，则恶在事夫奢也；长无用，好末淫，非圣人之所急也。故食必常饱，然后求美；衣必常暖，然后求丽；居必常安，然后求乐；为可长，行可久；先质而后文；此圣人之务。"（《反质篇》）

若此报告果真，则墨家亦非认奢侈文饰等为本来不好。"文"亦系一种好，但须"先质而后文"耳。吾人必须能生活，然后可有好的生活；此亦一自然之理。不过欲使世上人人皆能生活，诚亦甚难。故墨家以为世上人人皆须勤苦，非不知"文"之为一种好，特无暇于为"文"耳。墨家似以为天然环境，甚难改变；故吾人非勤工节用，不足自存。杨朱教人完全降服于天然，墨子亦未以为天然之大部可降服于人类。人只可使其自己适应天然，不能使天然适应人自己。

第七章

进步派——笛卡儿、培根、飞喜推

《韩非子》云：

> 墨子为木鸢，三年而成，蜚一日而败。弟子曰："先用之巧，至能使木鸢飞。"墨子曰："不如为车輗者巧也，用咫尺之木，不费一朝之事，而引三十石之任，致远力多，久于岁数。今我为鸢，三年而成，蜚一日而败。"（《外储说左上》）

如此报告果真，则墨子似亦试为战服天然矣。若以现在的眼光观之，我们须问：墨子既有此成绩，为何不继续试验与研究？他何以不知，继续试验与研究，可以发明更有用的器物？我们于此，只可回答：他所以不继续试验与研究者，因为他对于他的试验与研究之将来成功，无有信仰。此种信仰，在科学史上，有甚大影响。人诚不能耗费其精力财富于试验与研究，假如他不信他的试验研究，可得有结果——不论何种结果。人诚不作有系统的努力，以无限的扩张"人国"——人在天然界之权力，假使他不信"人国"可以无限扩张。

第一节　进步主义之要素

所谓进步主义之要素，正是上所说之信仰。本章所述诸哲学家，皆以为天然界之全体是可知的（intelligible），可治的（manageable），人为可以无限地胜天然。唯其有此根本观念，所以此诸哲学家教近代欧洲人，对于天然，作有系统的研究。锲而不舍，以有近代科学；科学者，依飞喜推说，即是对于天然之知识（knowledge of nature）及统治天然之权力（power over nature）也。（Fichte: *The Vocation of Scholar*, *Popular works* 第 156 页）他们试验研究，他们即有成就。

他们本此根本观念而进行，而有成就，不足为异；他们之有此观念，则甚足异。本来人类一入世界，即当然要立一人为的境界，与天然的境界对峙；不过彼时人之所为，皆枝节无系统，聊以给目前需要而已，非如近代欧洲人之以有系统的计画，攻战天然，且自觉其可为天然界之主人翁也。与宇宙比，人藐乎其小，颇难得一观念，以为人可为天然之主人。固有神秘家流，在其神秘经验之中，觉人与宇宙，一时合一。然此与进步主义之根本观念，又不相同。盖进步主义之根本观念，乃以为人与天然，两相对峙，而人可以其智力，战胜天然也。除近代欧洲人外，异地异时之人之多未有此观念，本不足奇；独近代欧洲人之有此观念，乃颇足奇。他们于何得此观念？进步主义，果自何来？此吾人所须答之问题也。

第二节　进步主义与耶教之关系

吾人之答案是：进步主义乃对于耶教之反动，而同时亦受耶教之暗示。在西洋中世纪，耶教最有势力。大概世之宗教，其根本主义，多为我所谓损道之哲学。不过耶教之哲学，若与其他我所谓损道之哲学比较，则有诸种不同之点。盖其他说人与宇宙之精神的本体，原是一或是一类；

而耶教则以为上帝是能造者,世界及人是其所造,其间无内部相连的关系。依耶教说,上帝与人间之关系,是法律的;上帝是债权者,是审判官,是君王;人是负债者,是罪人,是臣属。上帝说:

> 我是主,在我以外没有别神。我造光,又造暗,我施平安,又降灾祸,造作这一切的是我耶和华。(《旧约·以赛亚书》第45章第67节)

至于人,则《旧约》云:

> 上帝用地上的尘土造人,将生气吹在他鼻孔里,他就成了有灵的活人。(《创世纪》第2章第7节)

于此可见,在耶教中,上帝极尊而人则甚卑。又其他我所谓损道之哲学,虽亦皆以为,人原来有一甚好境界,为人现在所应返于者;但所说境界,皆非具体的;而耶教所说之伊甸园,乃为具体的人所设之具体的地方,其中有具体诸物。依《旧约》中所说,伊甸园实无异于此世间诸园,不过人在其中可以"不必汗流满面才得糊口"而已。(参看《创世纪》第二、第三章)又依其他我所谓损道之哲学,吾人之原来好境界,现虽失去,而吾人可自由将其恢复;离苦求乐,吾人实有自由意志。而依耶教说,则人既因犯罪而受上帝之罚,则非得上帝恩赦,不能复归于原始之好境界。中世纪神父圣奥古斯丁(St. Augustine)以为,人自有罪后,其性已坏,绝对无为善之自由意志;非有上帝恩赦,人绝不能得救。不过上帝既至慈全能,缘何不将所有人类,一律赦免耶?奥古斯丁云:

> 无论何时何地,只要上帝愿意,他皆能改变任何人之恶而引之为善;谁能说上帝不能如此?谁能愚亵如是?不过上帝如此办时,那是他的慈悲;他不如此办时,那是按公道他不如此办。(*Enchiridion* 第89节)

> 人类全体，因背叛上帝而受罚；此神圣的判决，如此公道，即人类中无一得赦救，亦无人能公道的疑问上帝之公道。（同上）

上帝能赦救一切人而特意不赦救一切人。他必须赦救一部分人以见其慈悲；但又必须责罚一部分人以见其公道。至于在一切人之中，谁应得救，谁应受罚，则完全由上帝随便决定。摩西向以色列人说：

> 耶和华，你的上帝，从地上的万民中选择你，特作他自己的子民。耶和华专爱你们，拣选你们，并非因你们的人数多于别民，原来你们的人数，在万民中是最少的……你心里不可说，耶和华将我领进来得此地，是因我的义……你当知道，耶和华，你的上帝，将这美地赐你为业，并不是因你的义，你本是硬着颈项的百姓。（《旧约·申命记》第七章第六节至第九章第四、六节）

此可见上帝之选择，乃全依其自由意志。虽有所谓"上帝城"于天上，但能入此城之资格，非人之功与德。人欲回返天国，必须上帝施恩；而上帝之施恩，又纯依其自由意志。正如在绝对的专制君主国中，人民之幸福，待于君主之恩宠。若君主专制过甚，则人民即革命而自立政府。耶教之上帝，亦专制太甚；在其下人既无自由可返"天城"，故即反动而欲以自己的力量，创建"人国"矣。

进步主义以为人可以无限的知道及管理天然界，此似是受耶教所说上帝之暗示。盖耶教所说上帝，亦系一有人格的个体，而却能以其无限的智慧与权力，创造统治世界也。进步主义以为人可有一甚好境界，于其中可以甚小劳力，得最大的好；此似是受耶教所说伊甸园之暗示，盖耶教所说伊甸园，亦系一具体的地方，于其中可不劳而获也。西洋近代人欲模仿上帝而自建一伊甸园于地上；盖天上之极乐境界，非上帝允许，不能得入；而上帝又一"忌妒的上帝"也。

第三节　笛卡儿注重知识之动机

所以笛卡儿说：

> 我尊我们的神学；我之望入天国，正与任何人同。不过他们使我确信：入天国之路，对于智愚，一样开放，而上帝所启示之真理，引人入天国者，非我们所能了解，所以我亦不用我的无力的理性，去研究之。我想，如欲考察此诸真理，必须上天降下一种特别帮助，仅人不能为之。（*Discourse on Method*，Everyman Ed. 第7至8页）

此可见笛卡儿于神学之失望。上帝之特别帮助，既非可随意得，则天国亦非可随意入。不过吾人幸有一种能力，可以自由使用。笛卡儿云：

> 在人间一切物中，聪明（good sense）之分配，最为平均；因即对于各物最难足之人皆自以其自己之聪明为甚丰，而不求再多。此亦似未误；此确信宁可证明，正确判断及分别真伪之能力，所谓聪明或理性者，凡人所有，皆天然的相等。（同上书第1页）

上帝虽未将引人入天国之真理完全启示于一切人，而一切人既皆有天然的理性，则自可用之以自求真理。

> 有绝对的智慧者，实只一上帝，因为他对于一切物，皆有完全的知识。至于人之智慧，则因其对最重要的真理之知识之大小而异。（Descartes: *The Principles of Philosophy*，Everyman Ed. 第148页）

如此，吾人诚应竭力以求知识矣。知识愈大，则吾人愈似上帝。所以笛卡儿即撇开神学，以其自己的理性，从而研究其自己及"世界之大书"

(*Discourse on Method*, Everyman Ed. 第 8 页)。

第四节　笛卡儿求知识之方法

　　初离父母而自立之幼年人所最怕者，即是见欺。中世纪人之倚靠上帝，犹如小儿之于父母。笛卡儿初舍上帝而自寻真理，其所恐怕，亦即见欺。凡非他所清楚的知为真者，他决定不认为真。他决定对于一切皆怀疑。不但对于别人意见，及外界事物，必须怀疑，即他自己之感觉思想，他亦不信。不过无论如何，有最后一物，不复可疑；此物即是他自己之"我"。盖必须有"我"，方能有疑；若复疑"我"，更见"我"在。"我思故我在"，"我疑故我在"（同上书第 26 至 27 页）。

　　此世界中，一切物皆可疑，独"我"不可疑。此世界中，一切物皆可假，唯我必真。此是"自我肯定"。在进步主义中，"我"自觉其自己。"我"之所以自觉者；依耶教所说，个人不过是个人而已；他对于上帝及宇宙，俱无内部的关系，所以于其宣告独立，自建"人国"之时，不能不觉，所可靠者，唯我而已。他不但对于世界，不能信任，即对于他自己之感觉，亦不能信任。一切事物，必带有可信的证据，方可信任。所以在西洋哲学史中，主观客观之间，有不可逾之鸿沟，而知识论（epistemology）在彼亦成为哲学之一重要部分。在中国哲学史中，知识论未尝发达，盖中国哲学本未将"我"与外界，划然分开也。

　　转而继说笛卡儿。"我"之存在，既已证明，但吾人如何能知外界事物？吾人之感觉，既不可靠，则吾人所有对于外界事物之知识，岂非亦皆不可靠？此等问题，在近代西洋哲学史中，颇为重要。笛卡儿提起此等问题，而未能将其解决。他于是不得已复返于上帝，他以为在"我"之中，又可发现上帝之观念，上帝之观念中，所含真实，比"我"所有较高；故上帝之观念，非"我"自己之所造。且上帝之观念，即含有上帝之存在；因为上帝之要素，即含有存在，永久的必然的存在。上帝又是诚实的，必不故作狡狯以欺人。所以凡"我"所明析地知道者，皆是真的。笛卡儿之辩论如此。他的根本意思,是求确切。姑无论他的成绩如何,而此根本意思,对于西洋近代思想,则极有影响。

第五节　笛卡儿对于将来之希望

笛卡儿之目的,在予人类以新哲学;他说:

"哲学"之名,乃指对于智慧之研究。所谓智慧,非仅指善于处理人事,而乃指对于人所能知之物之完全的知识,以指导行为,保持健康,及发现一切艺术;所以达此诸目的之知识,必须自诸第一原因,推演而来。所以如欲研究得此知识[此研究正即是哲学研究(philosophizing)],我们必先考究此诸第一原因,即所谓"原理"者也。(*The Principles of Philosophy*, Everyman Ed. 第 147 至 148 页)

我们应知,我们之所以异于野蛮无文化的人者,正因我们有哲学也;一国文明及文化之高低,视真的哲学在其中发荣之程度而定。(同上书第 148 页)

如离开宗教信仰,只以天然的理性观察,则最高的好即对于真理之知识,由第一原因之所得者。(同上书第 149 页)

所以哲学如一树,形上学乃其根,物理学乃其干,其余科学则由此干所生之枝,此诸枝可约为三类:即医学,机械学,与道德学。我所谓道德学,乃最高的,最完全的,须以一切其他科学之知识之全体为本,乃智慧之最后一级也。(同上书第 156 至 157 页)

在其《方法论》(*Discourse on Method*)中,笛卡儿说及对于物理学诸理论之研究,云:

由此我看,我们可以得到对于人生最有用之知识;我们可发现一实用的哲学,以替代学校中所教之思维的哲学。以此实用的哲学,我们可知火、水、气、星及诸天体，及围绕我们之一切物体之力与动作；如对于此诸物之知识，与我们对于工匠技艺之知识，一样清楚，则我们亦即可用他们于他们所能有用之处。如此，则我们即成为天然界之主人及占有者矣。此结果甚可歆羡，盖以此我们不但可以发明无穷的技术，以不劳而享受地上之生产及安乐，而且尤能保持健康；在人生之一切幸福中，健康诚是第一的，主要的。（同上书第49页）

笛卡儿之目的，在与人以如上所说之新哲学。此新哲学，如完全成立，将包罗人类全体知识中之重要理论，且将予人以一切知识的及实际的满足。笛卡儿以为他自己已为发端，希望后人继其工作，他说：

我之大愿是，后人可有见此可幸的结果之一日。（*The Principles of Philosophy*，Everyrnan Ed. 第 161 页）

此是笛卡儿之希望，此亦即进步派之根本信仰。

第六节　培根注重权力之动机

笛卡儿教人求增加知识，因增加知识而增加权力。培根教人求增加权力，因求增加权力而求增加知识。

他（培根自谓）确信：人的智力设难以自困，而不知善用人所能支配之真的帮助；因此人对于诸物多无知识；因无知识，所以祸患不可胜数；人心与物性间之交通，在地上任何物中，至少亦在属于地之任何物中，最为可贵；他（培根自谓）以为吾人应作一切试验，以或使上述交通，返于其完全的、原始的情形，即不能，亦使其情形比现在好。（Bacon: *Works, the Great Instauration* 第 17 页）

> 人对于其自己的库藏及其自己的能力，似无正确的知识；他们的所有少而自以为多，他们的能力大而自以为小。所以或因太张大其所有技艺之价值，故他们不再研求；或因太小看其权力，故他们耗其力于小节而永不用之于主要之处。此乃知识路上之二大阻碍；因如此则既无欲求，亦无希望，以鼓励人之前进。（同上书第 25 页）

人或以自己能力甚小，不能进步，或以自己所有已足，不必进步。培根之意，吾人须破除此二谬见，利用诸种帮助，以建立人国。

如欲建立人国，人必须先有权力；如欲有权力，人必须先有知识。因"人的知识与人的权力，此双生子，真常在一处"（Bacon: *Works*, *Novum Organum* 第 53 页）。培根说：

> 所以知识之真正目的，非所以满足好奇心，非所以安定决断心，非所以鼓舞精神，非所以夸耀聪明，非所以使人善于言语，非所以使人能有职业，非所以应名誉尊荣之野心，非所以养经营事业之才干；凡此皆甚卑下，不过其中有彼善于此者耳。知识之真正目的，乃所以恢复（大部分的）人在此世界中所原有之主权及权力（因为世界诸物，人能呼其真名字时，即亦可再使令之）。（Bacon: *Work*, *the Interpretation of Nature* 第 34 页）

于此可见，培根以为在人类受上帝之罚而"堕落"以前，人之权力，本来甚大；今之目的，在于恢复故物。培根又云：

> 人因堕落而失其清白境况及其统治世界之权力。但此二损失，即在人之此生中，亦可补偿一部分；人可以宗教及信仰补其所失之清白，以技艺及科学补其所失之权力。（Bacon: *Works*, *Novum Organum* 第 350 页）

人苟有权力，不但可以恢复故物，且即可模仿上帝。培根说：

> 诸发现且可譬为新创造，上帝工作之模仿品；故诗人唱云："长时以前大雅典，给予种子与弱的人类。由此而有收获，而'重新创造'我们在下的生活。"（同上书第161页）

于此可见耶教中上帝创造世界之观念，对于近代科学之发生，实有影响。如一有人格的个体之上帝，可以创造世界，我们人何以不能有所创造——至少在此地上有所创造；如人能在此地上有所创造，如人能重新创造他在下的生活，他至少亦是此地上之上帝，在下的上帝。

第七节　培根求知识之方法

人欲求权力，必先求知识；而求知识又须用正当的方法。笛卡儿的方法之缺点，在其专靠主观的理性。他以为天然的理智，苟用之得当，自有分别真伪之能力。培根虽亦注重天然的理智之能力，而尤注重辅助理智之工具。人之手无工具不能有大工作，人之理智亦然。（Bacon: *Works*, *Novum Organum* 第67页）理智之工具，即是逻辑。他又以为吾人如欲为天然之主人，须先为天然之仆隶。（同上）吾人如欲统治天然，必先服从天然。故吾人于研究天然之际，必先将心中所有成见，所有"偶像"，一律除去，而只忠实的做天然之解释者。吾人只可解释天然，不可预期天然。心中既已空洞，吾人又须使理智依规则按步前进，不可随意妄行。（同上书第60至61页）吾人研究之始，必取材料于经验，经验者，一切科学之根据也。（同上书第133页）故吾人于研究"天然哲学"之先，须研究"天然历史"。一切材料既集，又须依其性质，分类排列，以考查原因。发现原因，即是人的知识之目的。故哲学之事业如蜂；蜂"自园野中之花上，采集材料，而却以自己的能力，消化而变之"（同上书第131页）。

既发现一事物之原因，吾人何由而知此原因是真？培根以为真的原因之所以别于假的者，非以其为清楚的观念，而乃以其为能有用。他说：

> 知识上之原因即工作上之规则。（同上书第 68 页）
> 凡在工作上最有用者，在知识上即最真。（同上书第 171 页）

故培根哲学亦现代实用主义之先河也。

第八节　培根对于将来之希望

培根以为人对于诸物原因之知识愈大，则其统治诸物即愈确定，愈自由。所谓确定者，即吾人不仅一时一地可以统治，而随时随地皆可统治；所谓自由者，即吾人不但可以一方法统治，而可以许多方法统治。（同上书第 170 页）人之知识愈进步，则人愈似上帝。其实若以文明人与野蛮人比，文明人已即是上帝。培根云：

> 居于欧洲最文明的地方之人之生活，与居于新印度之最荒野的地方之人之生活大异；如有人见此差异，若比此二种人所受之帮助、利益，及生活情形，彼将知"人对于人是神"之言为不谬。此二种人之生活之所以有此不同者，非由于土地，非由于气候，非由于种族，而乃由于技艺。（同上书第 162 页）

培根又说，在其时有三大发明：印刷、火药、指南针。

> 此三发明已改变世界中诸事物之面貌与情状。我们于此可分别人类野心之三种，或三阶级。有人欲扩张本人势力于其本国，此种野心，鄙俗卑下。有人求扩张其本国势力及其在人中之领域，此种野心，实较尊严，但仍为贪鄙。但如一人努力于建设及扩张人类自身对于宇宙之控制，则其野心（假使此亦可名为野心），比之于他二种，

实为较健全、较尊贵无疑。(同上)

现在人既已有许多发明，而其较尊贵的野心，又渐发达；本此前进，将来之希望，实属甚大。于其所作 *New Atlantis* 中，培根说其理想国家之组织，在此国中，最尊贵的是科学家。国家特设研究所，以为科学家研究学问之地。此研究所之目的乃是求"诸物之原因及其秘密的运动，以扩充人国之边界，而做一切可能的事"(*Works*, *New Atlantis* 第 398 页)。此是培根之希望，亦即进步派之根本信仰。

第九节　飞喜推(即费希特)所主张之道德进步

培根之希望亦即飞喜推之希望。飞喜推说：

> 科学起源于人之受"必要"之压迫，此后将静密地考究天然之不变的法律，广观其能力，而学习计算其可能的诸表现……所以天然，即其最深秘密，亦渐成可知的，透明的；人的权力，为人的发明所启发及辅助，将统治天然，毫无困难；而此对于天然之战胜，一经得到，即可平安地保持无失。此人对于天然之控制，渐次扩充；至最后，机械的劳动，除发育人身及保持其健康所必须者外，人将皆不必做；然此等发育身体保持康健之工作，亦非复一种讨厌的负担；理性的生物，固非所以负此负担者也。("The Vocation of Man", *Popular Works* 第 331 至 332 页)

此正培根之所希望者也。近代"工业革命"已可少满此希望。然自"工业革命"以后，人国固已渐扩大，而人生之问题，仍多未解决。科学为强者少者所利用，以压服弱者众者。培根所说人之卑下贪鄙的野心，并不因人之尊贵的野心增加而减少。所以即人有权力之后，人类之危机，亦并未减轻。若仅有知识权力而无道德，人且将用其知识权力，以自相

残害。现代战争之惨,飞喜推亦先见之。他说:

> 文化已将野蛮的流动的民众,结合于社会的约束之下,而他们又以法律及组织功能所给予之权力,国与国互相攻击。不顾困苦与隔绝,他们的军队,穿过和平的原林;他们相遇,见其同类,即动杀机。利用人智之大发明,互相仇视的舰队,海上航行,冲风破浪,以遇其同类于寂寞的无情的海中;他们相遇,不顾风涛之恶,以亲相杀戮。(同上书第332页)

此飞喜推对于将来之预测;而此预测,亦复不虚。不过飞喜推又以为此诸国间之战争状态,亦不能永远存在。在过去时代,野蛮民族既已联合而为国家;在将来时代,现在诸国亦将联合而成为一大国。于其时所有人类合而为一;再加以道德的教育,培根所说之二种较卑鄙的野心,将不复能影响人之行为。于其时"人将不以私意互分界限,而人之权力亦不消耗于自相攻击之中"。"他们只有用其合力以攻击一尚未降服之公共仇敌——顽抗的尚未被修理的天然。"(同上书第339页)于是"此文明的、自由的、有普遍和平的大国,将渐积而包括全世界"(同上书第338页)。

在哲学史中,哲学家不少梦想,以为无论如何,在将来时代,总有一日,于其时一切个人,将自动地求"最大多数之最大幸福";于其时人非如此不能自觉快乐。孔德谓在将来人将有"自然的道德"(spontaneous morality。Comte: *A System of Positive Polity* 第一册第321页)。斯宾塞谓在进化程序中,人之性质将有大变;现在最好的人所有之特点,将来可望其变为一切人所共有(Spencer: *The Principles of Ethics* 第57页)。凡此诸人,对于进步,俱有信仰;而飞喜推之信仰,尤为坚定。他以为人生之最高境界,必可得到;"此是可得到的,因有我在"("The Vocation of Man", *Popular Worka* 第341页)。

第十节　飞喜推对于自我之肯定

何以因有"我"在，而人生之最高境界，即必可得到？如欲答此问题，必先说飞喜推所谓"我"之意义。

以上已说培根、笛卡儿所与人之新人生观念。所须注意者，此二哲学家虽与人以新人生观念，而尚未与此新观念以形上学的根据。他们所说人生观念实与耶教违背，而他们仍思于耶教中为之寻立根据。笛卡儿说：

> 上帝既赋予吾人若干理性之光，以分别真伪，然则若非我已决用吾人之判断，在凡可能之时，对于别人之意见，皆已考察，我不信我应该安之而自以为满足。（*Discourse on Method*, Everyman Ed. 第 22 至 23 页）

培根说：

> 亚当为上帝所造之物，因宜起名；此纯洁正当的天然知识，非亚当所以致"堕落"之原因。但其野心的骄傲的欲望，欲有判断善恶之道德的知识，以背叛上帝而自立法律，此乃亚当受诱惑之情形也（见《旧约·创世纪》第二至第三章）。至于对于天然之科学，神圣的哲学家对之曾有言云："上帝之光荣在于藏匿事物，而人王之光荣则在于将其寻出。"（Bacon: *Works*, the Great Instauration 第 35 至 36 页）

笛卡儿、培根为此等说法，盖欲以调和其新人生观念与耶教之冲突也。耶教之教义，在欧洲人心中，根蒂极固，固未能一旦即失其势力。宗教与科学之冲突，至今犹烈；而所谓宗教与科学之调和，亦至今尚为一大问题。不过笛卡儿与培根所说，不足以除去宗教与科学间之冲突，亦不足为其新人生观念之根据；此则甚明。故此新人生观念，如欲充分发展，必须有一形上学的新根据。而飞喜推之哲学盖即所以建设——有意的或无意的——此新根据也。

飞喜推以 A 等于 A 之命题，为其哲学推论之起点。此命题之真，是无可疑的。我们既肯定此命题，我们同时亦即肯定我们自己之存在。因肯定之自身，即是一心理的活动；若非有"我"，果谁肯定？所以 A 等于 A 之命题，可变为"我"等于"我"之命题。于是"我"立其自己（Fichte: *The Science of Knowledge* 英译本第 67 至 69 页）。飞喜推于此所取推论程序，盖与笛卡儿同。不过笛卡儿以思维为"我"之要素，而飞喜推则以为"思维非要素，不过'我'之一特殊的性质；除思维外，'我'且尚有许多别的性质"（同上书第 73 页）。飞喜推以为"我"之要素是活动；活动即是真实。（同上书第 114 至 115 页）又笛卡儿以上帝之存在，为"我"以外之客观的世界之存在之保证；其所谓上帝，又即耶教之旧上帝，超于此世界之上者。飞喜推则以为客观的世界，即是"我"——"绝对的我"——之表现。"绝对的我"是宇宙的原理；个体的"有限的我"，则"绝对的我"之在现象世界中者也。飞喜推说：

> 我是属两阶级之分子。此两阶级：其一是纯粹精神的，在其中我纯以意志统治；其一是感觉的，在其中我以行为活动……意志是理性之活的原理，若纯粹简单看，意志即是理性……理性既确是理性，所以意志必绝对地自由动作；物质的动作受天然律所决定，而意志则绝对独立——所以每有限的物之感觉的生活，皆向于一较高的生活，在其中，意志以其自身之力，可开一路，而占有之——此占有，自感觉方面观之，又必须是一境界，而非仅是意志。("The Vocation of Man"，*Popular Works* 第 350 至 351 页）

"有限的我"必须积极前进，因"我"之要素即是活动也；其成功又极可必，因其后有"绝对的我"之大力也，"有限的我"之积极前进，正即"绝对的我"之要求占有。所以因有"我"在，因有理性之命令，而吾人即可断言人生之最高境界必可得到也。依飞喜推之新形上学所说，人不但于地上模仿上帝，且其"自我"亦已一跃而居上帝之位矣。飞喜推所说之大意志，"绝对的我"，即是上帝，有其知识亦有其权力；不过此"绝对的我"未能于六日内完成世界及一切物，而必须追求占有，以成将来之功耳。以此而言，此"绝对的我"尚非正式上帝，不过是一候补的上帝。

飞喜推之哲学与叔本华之哲学，其相同之点，甚为显著。叔本华亦以意志为世界之本体；感觉的世界，乃其表现。叔本华亦以为个体之所以积极追求，正因意志之性质如是。此二哲学家间之差异，不在其对于事实之解释，而在其对于事实之评价。于永远追求之意志中，叔本华唯见苦痛与失望，而飞喜推则唯见希望与喜乐。叔本华以为意志自入于迷途；飞喜推则以为意志是慈父，使一切皆向至好（同上书第365页）。叔本华以为人生之无常及死乃人生痛苦之原；飞喜推则以为生死代续，正人生之除旧布新，以进于较光荣适宜的地域（同上书第378页）。总之，叔本华所视为盲目的意志者，飞喜推视之为全智的理性。叔本华所视为恶魔者，飞喜推视之为上帝。所以叔本华教人绝对地否定意志，而飞喜推则教人绝对地肯定之；前者主极端的损道，后者主极端的益道。

第十一节　飞喜推之求助于信仰

以何根据，而此二哲学家，对于意志，乃有此相反对的意见耶？关于人生之最高境界，飞喜推曾有言云：

此非是一物，给予吾人，徒使追而求之，以练习求伟大的事物之能力，至于其事物之存在与否，则甚可怀疑也。此将实现，此必实现。在时间中，既有理性的物之存在，而对于理性的物，除此目的之外，别无诚挚的合理的事物可想，且理性动物之存在，亦仅由此目的观之，而后可解；将来必有一时，于其中此人生之最高境界，得以完成；此正与感觉世界及理性的物之存在，一样确定也。除非人生一切，已变为一戏剧，以供不怀好意的鬼神之赏玩；此诸鬼神，为自怡悦起见，在可怜的人类之中，栽了无尽的欲求，使之继续追求其所永不能得；人们力求其所尚未到手之物，周而复始，不停地慌张于环中，亦不过使其诚恳的热望，为鬼神之空的、无趣的滑稽所侮弄而已；明智的人，看破此侮弄，极恶继续参加于其中，遂抛弃人生，而以其理性觉悟之日，为其身体绝灭之时。世界若非是如此，则人生之最高境界，当然必可得到也。（同上书第340至341页）

飞喜推于此实陷于"循环辩证"之误谬。他以为如人生非仅只是戏，非仅是一笑话，则其最高目的，必可达到；如其不能达到，则人生岂不仅只是戏，仅是一笑话？他似以为吾人绝不能谓人生仅是一笑话或戏。但叔本华则正谓人生是戏，是幻，是梦；我们于其中所见，不过是重复的游戏，既无目的，又无意义；且本于过去经验，我们又知所谓最大的好，能永远满足意志而使之不再欲求者，永不能有。所以智人须"看破此侮弄"，而不愿继续参加此无意义的游戏。他须远离人生；而远离人生，又非仅一物质的死所可了；所以他须绝对地否定意志，以至于"无"之境界。故叔本华之所以教人绝对地否定意志者，盖因其确信意志无最后的目的；而飞喜推之所以教人绝对地肯定意志者，盖因其确信意志有最后的目的也。

飞喜推果有何论辩以证明此确信耶？他无论辩，他只求助于信仰。他相信绝对的意志必有一"精神的世界计画"（同上书第366页）。他相信"只一世界是可能的，一纯粹好的世界"（同上书第368页）。世界之现在情形，乃"至于一较高的，较完全的情形之过渡"（同上书第329页）。吾人现在是"进步之工具"，"实现理性之目的之工具"（同上书第373页）。飞喜推又相信有一"绝对无例外之规则；依此规则，凡为义务所决定之意志，必有结果"（同上书第356页）。他知"结果必有，但不知其如何有"（同上书第357页）。他知一切事物之出现，皆在永久世界之计画中，故亦皆是好的；但不知在此诸事物中，何者果是真好，何者仅是去恶之工具。（同上书第372页）总之吾人须依理性之命令而行；理性为吾人立一目的；而此目的之必可得到，则又理性所保证者也。（同上书第340页）

第十二节　余论

以上说进步派已竟。此派哲学教人竭力奋斗，创造新世界，使人为达于最高程度，使现在之恶与丑者，皆变为好与美。

近来国内所谓西方文化，所谓奋斗向前之人生态度，实即此近代进步派哲学之表现；此乃西洋文化之一部，而非其全体。《列子》中所说愚公移山之故事，实最足以具体地说明此派哲学之精神。彼云：

> 太行王屋二山，方七百里，高万仞，本在冀州之南，河阳之北。北山愚公者，年且九十，面山而居，惩山北之塞，出入之迂也……遂率子孙荷担者三夫，叩石垦壤，箕畚运于渤海之尾。邻人京城氏之孀妻有遗男，始龀，跳往助之；寒暑易节，始一反焉。河曲智叟笑而止之曰："甚矣汝之不惠！以残年余力，曾不能毁山之一毛，其如土石何？"北山愚公长息曰："汝心之固，固不可彻，曾不若孀妻弱子。虽我之死，有子存焉；子又生孙，孙又生子；子又有子，子又有孙；子子孙孙，无穷匮也。而山不加增，何苦而不平？"河曲智叟无以应。操蛇之神闻之，惧其不已也，告之于帝。帝感其诚，命夸娥氏二子负二山；一厝朔东，一厝雍南。自此冀之南，汉之阴，无陇断焉。（《列子·汤问篇》）

笛卡儿、培根、飞喜推，皆北山之愚公也。飞喜推更恐其子若孙之气或馁，乃特立一"帝"以助之，即所谓"绝对的我"者也。

第八章

儒家

第一节　道之观念

道家言道；儒家亦言道。《易·系辞》云：

> 一阴一阳之谓道；继之者善也，成之者性也；仁者见之谓之仁；知者见之谓之知；百姓日用而不知；故君子之道鲜矣。显诸仁，藏诸用，鼓万物而不与圣人同忧；盛德大业，至矣哉。富有之谓大业；日新之谓盛德；生生之谓易……

焦循云："一阴一阳之谓道；分于道之谓命；形于一之谓性；分道之一，以成一人之性；合万物之性，以为一贯之道；一阴一阳，道之所以不已。"（《论语通释·一贯忠恕》）儒家所说道与性之关系，正如道家所说道与德之关系；道指全体之自然，而人物之性，则所分于道之一部分也。凡自然所生，皆非是恶，故曰"继之者善也"。道分为确定的部分，然后为有所成（参看第二章庄子所说成与毁），故曰"成之者性也"。"仁者见之谓之仁；智者见之谓之智"；则老子所说"道可道，非常道；名可名，非常名"（《道德经》一章）也。道"生而不有，为而不恃，长而不宰"（同上书五十一章）；故"百姓日用而不知"也。道"鼓万物而不与圣人同忧"；老子亦云："天地不仁，以万物为刍狗"（同上书五章）；盖天地本无心于为仁，亦无心为万物忧，万物特自然而生耳。道家谓道"无为而无不为"；孔子亦云："天何言哉？四时行焉；百物生焉；天何言哉？"（《论语·阳货》）由此可见，儒家所说之道与天，其性质与道家之所谓道，正复相同。不过依道家说，道虽无为而无不为，但一切人为诸物，却不在道之内；而依儒家说，则宇宙历史，本系一贯；人为天然，竟无可分；一切人为诸物，皆所以辅助天然，亦正在道之内。《易·系辞》云：

  天地之大德曰生；圣人之大宝曰位；何以守位？曰仁；何以聚人？曰财；理财正辞，禁民为非曰义。

"生"是天然，而政治、道德、经济、法律等，皆所以利"生"，而非所以害"生"。儒家与道家根本不同之处在此。

第二节　实用艺术之起源

艺术是人为诸物之根源，儒家颇重视之。《易·系辞》云：

  古之聪明睿知，神武而不杀者夫。是以明于天之道而察于民之故；是兴神物，以前民用。
  法象莫大乎天地；变通莫大乎四时；悬象著明莫大乎日月；崇高莫大乎富贵；备物致用，立成器以为天下利，莫大乎圣人。

此谓艺术之目的，在于"前民用"而"为天下利"；盖皆所以改良人生也。艺术又皆圣人所发明；有深意存焉，非人随便所作也。

艺术之目的，在于改良人生；艺术之起源，在于模仿天然。《易·系辞》云：

《易》者，象也；象也者，像也。

夫象，圣人有以见天下之赜，而拟诸其形容，象其物宜，是故谓之象。

见乃谓之象；形乃谓之器；制而用之谓之法；利用出入，民咸用之，谓之神。

圣人"见天下之赜"，而"拟诸其形容，象其物宜"，以得其"象"；又摹拟此象，造为"器"，制为"法"；"民咸用之"。《易》所载多"象"；故"《易》有圣人之道四焉"，其一即"以制器者尚其象"（《易·系辞》）也。《易·系辞》于此，复有具体的说明云：

古者包牺氏之王天下也，仰则观象于天，俯则观法于地，观鸟兽之文与地之宜，近取诸身，远取诸物，于是始作八卦，以通神明之德，以类万物之情……包牺氏殁，神农氏作，斲木为耜，揉木为耒；耒耨之利，以教天下，盖取诸益。

益卦䷩巽上震下；巽为风为木；震为雷为动：上有木而下动；故神农即因其象而发明"耒耨之利"。《系辞》又云：

刳木为舟，剡木为楫；舟楫之利，以济不通，致远，以利天下；盖取诸涣。

涣䷺巽上坎下；巽为风为木；坎为水：木在水上；故黄帝即因其象而制舟楫。《系辞》又云：

服牛乘马，引重致远，以利天下；盖取诸随。

随䷐兑上震下；兑为泽为悦；震为动：下动而上悦；黄帝即因其象而利

用牛马以"引重致远"。凡此皆见艺术之起源，在于模仿天然。人非天然之战胜者，不过其模仿者而已。

第三节　礼乐

以上所说，多系实用的艺术。实用的艺术之外尚有其他艺术，其改良人生，不在其物质方面，而在其精神方面。此其他艺术，即所谓社会的艺术（social art）及美的艺术（fine art），盖皆所以教育人者也。《中庸》云：

> 天命之谓性；率性之谓道；修道之谓教。

此天即"一阴一阳之谓道"之道也。"分于道之谓命；形于一之谓性"；性即道家所说之德也。儒家亦主率性，但亦注重"修道之谓教"。依儒家说，道德的生活，非纯由于天然，亦非纯由于人为；道德的生活，乃为"教"所"修"之"率性"也。《中庸》云："喜怒哀乐之未发谓之中；发而皆中节谓之和。"喜怒哀乐，皆是天然，当听其发，但须以"教"修之，使其发无过不及而已。唯其须"修道"之"教"，所以儒家制为礼乐。大概言之，礼所以使人之欲有节而得中。《礼运》云：

> 饮食男女，人之大欲存焉；死亡贫苦，人之大恶存焉。故欲恶者，心之大端也；人藏其心，不可测度也；美恶皆在其心，不见其色也；欲一以穷之，舍礼何以哉？

荀子于此，言之尤明。《荀子·礼论篇》云：

> 礼起于何也？曰：人生而有欲；欲而不得，则不能无求；求而无度量分界，则不能不争；争则乱；乱则穷。先王恶其乱也，故制礼义以分之，以养人之欲，给人之求，使欲不必穷乎物，物不必屈

于欲；两者相持而长，是礼之所起也。

乐所以使人之情有节而得中，《乐记》云：

> 凡音之起，由人心生也。人心之动，物使之然也。感于物而动，故形于声……是故其哀心感者，其声噍以杀；其乐心感者，其声啴以缓；其喜心感者，其声发以散；其怒心感者，其声粗以厉；其敬心感者，其声直以廉；其爱心感者，其声和以柔。六者非性也，感于物而后动。是故先王慎所以感之者。

《荀子·乐论篇》亦云：

> 夫乐者，乐也；人情之所必不免也。故人不能无乐，乐则必发于声音，形于动静；而人之道，声音动静，性术之变尽是矣。故人不能不乐，乐则不能无形，形而不为道则不能无乱。先王恶其乱也，故制《雅》《颂》之声以道之，使其声足以乐而不流，使其文足以辨而不諰，使其曲直繁省廉肉节奏，足以感动人之善心，使夫邪污之气无由得接焉。是先王立乐之方也。

要之礼乐之目的，皆在于使人有节而得中。《乐记》云：

> 是故先王之制礼乐也，非以极口腹耳目之欲也，将以教民平好恶而反人道之正也。人生而静，天之性也；感于物而动，性之欲也……夫物之感人无穷，而人之好恶无节，则是物至而人化物也。人化物也者，灭天理而穷人欲者也。于是有悖逆诈伪之心，有淫佚作乱之事……此大乱之道也。是故先王之制礼乐，人为之节。

至于礼乐之功效，则《乐记》云：

> 礼节民心；乐和民声。政以行之；刑以防之。礼乐刑政，四达而不悖，则王道备矣。乐者为同；礼者为异。同则相亲；异则相敬。乐胜则流；礼胜则离；合情饰貌者，礼乐之事也……乐由中出；礼自外作。乐由中出故静；礼自外作故文。大乐必易；大礼必简。乐至则无怨；礼至则不争；揖让而治天下者，礼乐之谓也。

儒家主以礼乐治天下；至于政刑，不过所以推行礼乐而已。礼乐亦是模仿天然。《乐记》云：

> 天高地下，万物散殊，而礼制行矣。流而不息，合同而化，而乐兴焉。春作夏长，仁也；秋敛冬藏，义也。仁近于乐；义近于礼……天尊地卑，君臣定矣。卑高已陈，贵贱位矣。动静有常，大小殊矣。方以类聚，物以群分，则性命不同矣。在天成象，在地成形。如此则礼者天地之别也。地气上齐；天气下降。阴阳相摩；天地相荡。鼓之以雷霆；奋之以风雨；动之以四时；暖之以日月；而百化兴焉。如此则乐者天地之和也。化不时则不生；男女无辨则乱升；天地之情也。及夫礼乐之极乎天而蟠乎地，行乎阴阳而通乎鬼神，穷高极远而测深厚。乐著大始，而礼居成物。著不息者，天也；著不动者，地也；一动一静者，天地之间也。故圣人曰礼乐云。

由此而言，则宇宙本来即是调和有节，礼乐不过使其更美更好而已。

第四节　国家之起源

"天地之大德曰生；圣人之大宝曰位"；盖圣人必有君位，然后可以行其道以治天下也。依儒家之说，有圣人之德者，人自然归之；人皆归之，斯自然为君。所谓"上圣卓然先行敬让博爱之德者，众心说而从之；从之成群，是为君矣；归而往之，是为王矣"（《汉书·刑法志》）。孟子曰：

尧崩；三年之丧毕。舜避尧之子于南河之南。天下诸侯朝觐者不之尧之子而之舜；讼狱者不之尧之子而之舜……夫然后之中国，践天子位焉。(《万章上》)

此所说虽非必历史的事实，然要系儒家所认为之历史的事实也。观于《易》之乾卦，孔子所注释者，此点当更明了。乾卦六爻，代表有圣德者之由下而渐即君位。"初九，潜龙勿用"，"龙德而隐者也"。"九二，见龙在田"，"德施普也"，"德博而化"，"天下文明"，盖虽未为君而已为师矣。"九三，终日乾乾"，以"反复道"。"九四，或跃在渊"，而"进无咎"。以至"九五，飞龙在天"，则以圣人而居君位，为柏拉图《共和国》中所说之"哲学王"（philosopher-king）矣。然其所以致此，则纯由于人情之自然，毫无勉强于其间。孔子于此云：

  同声相应；同气相求。水流湿；火就燥。云从龙；风从虎。圣人作而万物睹。本乎天者亲上，本乎地者亲下；则各从其类也。(《易·文言》)

故国家之起源，既非为强者之利益，亦非为弱者之利益，如希腊"智者"所说。"民之秉彝，好是懿德"，故自愿服从圣人而受其教与治也。

第五节　宇宙之演化

至于乾之上九，则为"亢龙有悔"，有"穷之灾"矣。孔子于此云：

  亢之为言也，知进而不知退，知存而不知亡，知得而不知丧。其唯圣人乎！知进退存亡而不失其正者，其惟圣人乎！(《易·文言》)

"物极必反"，此《易》理亦老子所持之理也。老子云：

> 祸兮福之所倚；福兮祸之所伏，孰知其极？其无正邪？正复为奇；善复为妖。人之迷也，其日固久矣。是以圣人方而不割，廉而不刿，直而不肆，光而不耀。(《道德经》五十八章)

非唯人事如此，即天道亦然。老子云：

> 天之道，其犹张弓欤？高者抑之，下者举之；有余者损之，不足者补之。天之道，损有余而补不足。(《道德经》七十七章)

在《易》中，六十四卦之次序，亦表此"物极必反"之义。

《易》之一书，正如海格尔之《心之现象学》(Phenomenology of Mind)，于其中海格尔将宇宙间天然人事一切现象，皆归纳于一系统中，使为一相连贯的全体。《易》每卦皆代表宇宙间一（或不止一）天然的或人为的现象。而诸卦之次序则表示宇宙演化之程序。《序卦》一篇，特明此义。在此篇中，吾人可见三点。《序卦》云：

> 有天地然后有万物。有万物然后有男女。有男女然后有夫妇。有夫妇然后有父子。有父子然后有君臣。有君臣然后有上下。有上下然后礼义有所错。

于此可见，宇宙间诸事物，天然的或人为的，皆相连续而不可分。此第一点也。

其第二点即是，在宇宙演化程序中，每一现象皆含有其自己之"否定"，如海格尔所说。所以每卦之后，多随以相反对的卦。如《序卦》云：

> 履而泰，然后安，故受之以泰。泰者，通也。物不可以终通，故受之以否。物不可以终否，故受之以同人……
>
> 物不可以苟合而已，故受之以贲。贲者，饰也，至饰然后亨则

尽矣，故受之以剥。剥者，剥也，物不可以终尽剥，穷上反下，故受之以复……

震者，动也，物不可以终动，止之，故受之以艮。艮者，止也。物不可以终止，故受之以渐……

唯其如此，故在宇宙演化程序中，有好亦必有不好。故《系辞》云：

吉凶悔吝，生乎动者也。

爻也者，效天下之动者也，是故吉凶生而悔吝著也。

吉凶既与动常相即不离，而宇宙演化，即是一动。所以宇宙间之有恶，乃必然之势。故《系辞》又云："八卦定吉凶；吉凶生大业。"大业必与吉凶为缘，此即叔本华所说之"永久的公道"（见第四章第六节）也。

其第三点即是，宇宙演化，永无止期；并无一境界，于其中一切事物，皆绝对的完成而更无变化。《序卦》云：

有天地然后万物生焉。盈天地之间者唯万物，故受之以屯。屯者，盈也；屯者，物之始生也；物生必蒙，故受之以蒙……（以下历列宇宙间诸现象）有其信者必行之，故受之以小过。有过物者必济，故受之以既济。物不可穷也，故受之以未济，终焉。

此三点皆与我所谓损道及益道诸哲学之见解不同。虚无派求理想境界于无穷的过去；进步派求理想境界于无穷的将来；其方法相反，而其目的则相同。盖彼皆欲求一完全好的境界，于其中吾人可以永久休息也。

第六节　活动之好

但依儒家说，则吾人不能休息，亦不必休息。天然之美大，并不在其能生绝对完美的结果，而正即在其无穷的演进。天然之永久的活动，正即其完美之所在；其活动之意义，并不在活动以外之成就，而即在活动之自身。道"鼓万物而不与圣人同忧"；盖无为而鼓万物，亦无所为而鼓万物。"无为"及"无所为"，可谓为天然之二特点。道家特重"无为"；而儒家则尤重"无所为"。道家唯重"无为"，故欲尽废"有为"；于是一切人为，皆所反对。儒家不废"有为"，但谓须无所为而为。所谓无所为而为者，谓只须于"为"（即活动）中求好，而不必计其活动以外之成就也。《易》乾卦《象》云：

> 天行健；君子以自强不息。

《中庸》云：

> 《诗》曰："惟天之命，於穆不已"；盖曰：天之所以为天也。"於乎不显，文王之德之纯"；盖曰：文王之所以为文也，纯亦不已。

又云：

> 故至诚无息；不息则久；久则征；征则悠远；悠远则博厚；博厚则高明。博厚所以载物也；高明所以覆物也；悠久所以成物也。博厚配地；高明配天；悠久无疆。如此者不见而章，不动而变，无为而成。天地之道，可一言而尽也，其为物不贰，则其生物不测。天地之道，博也，厚也，高也，明也，悠也，久也。

天然活动不息，无所为而为；君子模仿天然，故亦应自强不息，无所为而为。《论语》子路谓荷蓧丈人云：

> 不仕无义；长幼之节，不可废也；君臣之义，如之何其废之？

欲絜其身，而乱大伦。君子之仕也，行其义也；道之不行，已知之矣。(《微子》)

又《论语》石门晨门谓孔子为"知其不可而为之者"(《宪问》)。"知其不可而为之"；盖唯于"为"中求好，至其结果如何，原所不计也。董仲舒"正其谊不谋其利，明其道不计其功"之言，似颇得儒家之意。

第七节　忠恕与正名

吾人对于诸种行为，但须问其对与否；至其结果如何，则所谓"成败利钝，非可逆睹"，不能计，亦不必计也。但所谓对与否，果以何为标准耶？在一面说，圣王所定之礼，固即吾人行为之标准。按又一面说，则每人固已自有其行为之天然的标准，初不必他求也。《中庸》云：

> 子曰："道不远人，人之为道而远人，不可以为道。诗云：'伐柯伐柯，其则不远。'执柯以伐柯，睨而视之，犹以为远。故君子以人治人，改而止。"

盖人皆有欲，因己之有欲，可以推知人之有欲；因己之所欲，可以推知人之所欲。既知己之所欲亦即人之所欲，则于满足己之欲时，应必顾人之欲。孟子所谓"老吾老以及人之老，幼吾幼以及人之幼"；及所谓好货，好色，皆应与百姓同之者也。知己之所欲亦即人之所欲，则知己之所不欲亦即人之所不欲。故在一方面吾人应以己之所欲施于人；"所求乎子"，即"以事父"；"所求乎臣"，即"以事君"；"所求乎弟"，即"以事兄"；"所求乎朋友"，即"先施之"（见《中庸》）。此即所谓忠也。在又一方面吾人应勿以己之所不欲施于人；"所恶于上，毋以使下；所恶于下，毋以事上；所恶于前，毋以先后；所恶于后，毋以从前；所恶于右，毋以交于左；所恶于左，毋以交于右"（《大学》）。此即所谓恕也。人皆有欲，又皆知其所欲极明；今即以之为吾人行为之标准；此"则"当然甚易知且极近也。

孔子又有正名之说。盖一名必有一名之定义；此定义所指，即此名所指之物之所以为此物者，亦即此物之要素（essence）或概念也。如"君"之定义之所指，即君之所以为君者。如有一君，不尽其为君之道，则即失其所以为君者，虽名为君，而实已非君矣。故孟子曰："闻诛一夫纣矣；未闻弑君也。"（《梁惠王下》）"齐景公问政。孔子曰：'君君，臣臣，父父，子子。'"（《论语·颜渊》）上君字乃指事实上之君，下君字乃指依照定义之君；臣、父、子，均如此例。若使君臣父子皆如其定义，皆尽其道，则国自治矣。依此而言，则名之定义，亦即吾人行为之标准也。孔子此说，与苏格拉底所说颇相似（参看第三章第三节）。

第八节　合理的幸福

于"为"中求好，好即在活动之中。至于活动之成功与失败，则非尽由人力。孔子一生活动不息，欲行其道；而同时又云："道之将行也与？命也；道之将废也与？命也。"（《论语·宪问》）盖吾人做一事，若欲必其成功，则必须各方面（天然界与人为界）情形皆于此事有利，或至少亦不为重大的妨碍；诸种因缘凑合，然后此事，可几于成。一事之成功，必待多数方面之合作；而此多数方面之合作，又非吾人之力所可致。故吾人做一事，其结果若何，至不可必；若吾人全于结果中求好，则吾人有待于外，而吾人之生活，即不能独立自足矣。故依儒家说，吾人宜只于活动中求好，至活动之成功与失败，则可听诸命运。所以《中庸》云：

君子居易以俟命。

孟子云：

> 哭死而哀，非为生者也；经德不回，非以干禄也；言语必信，非以正行也：君子行法以俟命而已矣。(《尽心下》)

唯其如此，故"不知命不可以为君子也"(《论语·尧曰》)。

吾人若不抱一功利主义之见解，活动而"不谋其利，不计其功"，则吾人将常不失败；盖吾人将失败成功，一例视之，纵失败亦能不感失望而受失败之苦痛也。因此吾人可免对于将来之忧虑，对于过去之追悔，及现在之愤恨，而吾人因之可得一种合理的幸福。故孔子云：

> 知者不惑；仁者不忧；勇者不惧。(《论语·子罕》)
> 君子坦荡荡，小人常戚戚。(《论语·述而》)
> 饭疏食饮水，曲肱而枕之；乐亦在其中矣。不义而富且贵，于我如浮云。(《论语·述而》)
> 不怨天，不尤人，下学而上达；知我者，其天乎！(《论语·宪问》)

《易》云"乐天知命故不忧"(《系辞》)，亦此义也。

第九节　合内外之道

天然演化，无有止境，人之活动，亦复不息；固如上述。然吾人之修养，则有一最终之成就，有一至善之境界焉。此并非一境界，于其中一切皆无，或一切皆已完结；此盖一境界，于其中虽仍有活动与一切事物，而内外（即人己）之分，则已不复存在。《中庸》所谓诚，似即指此境界。"道"本来即诚，盖天然本不分所谓内外也。故《中庸》云：

> 诚者，天之道也；诚之者，人之道也。
> 自诚明谓之性；自明诚谓之教。诚则明矣；明则诚矣。

诚为天之道，而人则必用"教"以求自明而诚，所谓"诚之者人之道也"。《中庸》又云：

> 诚者物之终始；不诚无物；是故君子诚之为贵。诚者，非自成己而已也，所以成物也。成己，仁也；成物，智也；性之德也；合内外之道也；故时措之宜也。

以成己成物为合内外之道，即叔本华所说以"爱之事业"超过"个性原理"也（见第四章第五节）。诚为"性之德"，"教"非能于性外更有所加，不过助性使得尽量发展而已。性之尽量发展，即所谓"尽性"。《中庸》云：

> 唯天下至诚，为能尽其性；能尽其性，则能尽人之性；能尽人之性，则能尽物之性；能尽物之性，则可以赞天地之化育；可以赞天地之化育，则可以与天地参矣。

至诚之人，既无内外之分，人我之见，则已至万物一体之境界矣。既与万物为一体，故能尽人物之性而与天地参也。此等人有圣人之德，若再"飞龙在天"，居天子之位，则可以"议礼，制度，考文"矣。《中庸》云：

> 故君子之道，本诸身，征诸庶民，考诸三王而不缪，建诸天地而不悖，质诸鬼神而无疑，百世以俟圣人而不惑。质诸鬼神而无疑，知天也；百世以俟圣人而不惑，知人也。是故君子动而世为天下道，行而世为天下法，言而世为天下则；远之则有望，近之则不厌。《诗》曰："在彼无恶，在此无射，庶几夙夜，以永终誉。"君子未有不如此而蚤有誉于天下者也。

以如此之人居君位，将"揖让而治天下"。在此情形之中，在此世界之内：

> 万物并育而不相害，道并行而不相悖。小德川流，大德敦化。此天地之所以为大也。（《中庸》）

第十节 余论

儒家之理想境界，即是如此。此境界非仅是天然的，亦非仅是人为的，而乃是天然人为，两相和合，所构成者。所以儒家虽曰"继之者善也"（参看本书本章第一节），而国家、社会、政治、道德，仍为必要。所以依儒家之见，道家之以宇宙本来是一大调和，亦未为误，特道家之不以人为境界为亦在调和之内，乃为误耳。快乐派谓吾人情欲，宜尽量发泄；儒家亦谓情欲宜发泄，特其发应有节而得中。快乐派谓吾人应不顾将来，只图现在；儒家亦颇有此意。不过儒家所认为现在之好，并非目前快乐；盖严格地说，目前快乐，无论其如何近在目前，而亦系将来之结果也。儒家所认为现在之好，亦非现在之消极状态，如伊壁鸠鲁学派所提倡者（参看本书第5章第7节），盖人本须活动，不能亦不必强使之不动也。儒家所认为现在之好，乃现在之活动；其不顾将来，乃不顾活动之将来结果。依儒家说，在现在活动之中，即有好可享受，更不必外求。西洋之斯多噶学派（Stoicism）亦谓人宜乐天安命，颇有与儒家相似之处。如马卡斯·奥理略（Marcus Aurelius）云：

> 在行为中，不可随便，亦不可不合于正谊之道；应记一切外界情形，非由于偶然，即由于天意；你不能与偶然争斗，你亦不能对天意有所分辨。（*Thought* 第12卷第24节）

此即儒家所说"正其谊不谋其利"、"居易以俟命"等语之意也。此派与儒家相同之点甚多（其宇宙论及人生论，尤与宋儒张横渠《西铭》所说相似），特其空气过于严重紧张；而儒家之空气，则较安适自然耳。

第九章

亚力士多德

第一节 亚力士多德与柏拉图之异点

在其《后物理学》(*Metaphysics*)中，亚力士多德谓，依一切思想家所说，则必有与智慧——最高的知识——相反对者（此所谓智慧或最高的知识，即指世界之最高的原理。如佛教以"真如"为世界最高原理，而所谓"无明"即系"与智慧相反者"。宋儒以"理"为世界最高原理，而所谓"气"即系"与智慧相反者"），但依彼所说则不然（《后物理学》第1075页）。此即亚力士多德之哲学与柏拉图之哲学之大不同处。盖依柏拉图之"两世界系统"，不但有与"智慧"相反对者，而且此反对者正即此世界之自身。柏拉图于此现实世界之上，设一理想世界；而亚力士多德则正欲证明此现实世界即是理想世界。文德班云："柏拉图之伟大，在其两世界之说；而其弱点亦正在此。亚力士多德之根本思想则为，此超感觉的概念世界与感觉世界，是一非异。"(Windelband: *History of ancient Philosophy* 英译本第247页) 亚力士多德有《论哲学》(*Concerning Philosophy*)一文已佚，但西塞禄(Cicero)曾引一段云：

试设想有人长在地下居住，其所居之处甚好，光线亦佳。其中陈设，有刻像及图画；又凡吾人所认为有福的人之供给，此地下应有尽有。假使此地下诸人,永未曾到地面之上,但对神之存在,自恍惚的传说中,略有所闻。假使一日此地开放,此地下诸人,可自其闭藏的居处,升而至于吾人所居之所;假使他们向前忽见其前之地,海,天,以及云之片段,风之强烈;假使他们又见日而知其伟大及其工作,知其能造日(日夜之日)又在日中放满天之光……他们真将信诸神之存在,而此诸工作皆源于神也。(Cicero: *De Natura Deorum* 卷二)

此段与柏拉图《共和国》中地穴之喻(见第三章第七节)可谓极相似,但其间有大不同在焉。柏拉图以穴喻现实世界;而依亚力士多德,则吾人所居之现实世界,正即理想世界。依亚力士多德,只有一世界,一最好的世界。此亚力士多德与柏拉图根本不同之处也。

第二节 概念在亚力士多德哲学中之地位

亚力士多德对于柏拉图之概念说,多所批评;然在其自己之哲学中,概念仍占重要地位。其所谓"要素"(essence)、"本质"(substance)及"形式"(form)实即柏拉图所说之概念[物之概念,即其类之"共相",即其物之所以为其物,而所以别于他物者。如桌之概念,即一切桌之共相,亦即桌之所以为桌,亦即桌之所以别于他物者也。故概念即"要素"。亚力士多德以概念或要素乃实有存在者,非只一心理的概念,故名之曰本质。又概念亦可称为形式者,依亚力士多德,一切事物,皆有四种原因:曰质因(material cause),曰力因(efficient cause),曰式因(formal cause),曰终因(final cause)。如一椅于此,其所用之木料,即其质因;木匠所做之工作,即其力因;而椅之所以被造为如此形式,而未被造为如桌或床之形式者,则因木匠依椅之概念或要素而造;故椅之概念,即椅之形式也。至于人所以造椅子之目的,则即椅之终因。凡一切人为之物,皆有此四因。至于天然的物,则此四因,可归纳而为二:即质因及式因。盖天然的物之生长变化,皆所以实现其概念,故式因即其力因,亦即其终因也;故曰:"形式乃动的物之动之终端。"

在一方面说,生长变化,乃所以实现概念;自又一方面说,亦可谓概念自身不动而却能引起生长变化。所以亚力士多德说,要素能引起活动而为活动之源,而一切个体之生长变化,皆以其形式为目标也。所以亚力士多德又谓形式因被爱而起动(见本书本章第三节)也。又亚力士多德所谓"物质"(matter)者,乃世界一切物之质因,必与形式相合,乃可成为具体的个体;故曰:"物质之所以可称为天然者,以其能受此(形式)也。"又曰:"本质之一种是带物质之公式";带物质之公式(即形式),或带公式之物质,即具体的个体耳。"屋之存在,不能生出;所能生出者,此屋而已。"盖屋乃概念而此屋(或彼屋或广东大学之屋)乃个体也。又吾人之知一物,必依其概念(看第三章第三节注),故曰:"在知识之次序"中,概念亦先个体而存在也。又亚力士多德所谓动,乃依其字之最广的意义。诸物在空间之运动,及其生灭变化,皆包于所谓动之内]。今试察亚力士多德所说要素之性质:第一,亚力士多德说,严格地说,只"要素"可是天然。

自以上所说,显见天然即是原始(primary);且依其严格的意义,天然即是诸物之要素,其自身是运动之源者。物质(matter)之所以可称为天然者,以其能受此也。变化生长之程序之所以可称为天然者,以其运动乃自此出也。依此意义,天然是天然的事物之运动之源,此源潜藏的或现实的在天然之中。(《后物理学》第1015页)

第二,要素永久存在,无生无灭。

本质有二种:具体的事物,及其公式(原注:我意谓本质之一种,是带物体之公式,其他一种则是公式之在其普通性质)。第一种之本质可有毁灭(原注:因其能有生故)。但公式则不可毁灭,因其无生故(原注:屋之存在非生出;所生出者,"此"屋而已)。(《后物理学》第1039页)

第三,所谓"形式",是不动的。

> 但形式……乃动的物之动之终端，是不动的，如知识与热是。热非一活动；是活动者乃"发热"（heating）。（《后物理学》第 1067 页）

第四，所谓"本质"先于个体而存在。

> 凡吾人谓一物在先，此先字有许多意义。但无论依何意义，本质皆是在先——（一）在公式，（二）在知识之次序，（三）在时间。（《后物理学》第 1028 页）

盖"形式"既为起动之源，一切个体之生长变化既皆是以其形式为目标（亚力士多德《物理学》第 2 卷第 7 节），则形式当然先个体而存在也。形式既先个体而存在，亦必曾与个体分离而独存。此第五点也。

亚力士多德所说要素既有此诸性质，则诚亦无别于柏拉图所说之概念矣。然亚力士多德对于柏拉图之概念说，又何为多所批评耶？亚力士多德盖非批评柏拉图之概念说，而实乃批评柏拉图之两世界系统也。柏拉图以概念为独在理想世界之内，而此世界中之具体的诸物，不过概念之模仿品而已；理想世界乃醒的真实；此世界乃其如梦的影；此亚力士多德所不以为然者也。依亚力士多德，物之要素，虽有上述诸性质，然要是"物"之要素，故不能无与于此世界。故一方面概念引起个体之动，而一方面个体之动，亦所以实现概念。一切概念仍是概念，但必须在此世界而已。

第三节　爱与终因

柏拉图视此世界，如一瀑流，终日变化，无有停止，而概念世界，则永久如一，无有变动。依亚力士多德所说，则此世界，诚如一瀑流，但非无目的之瀑流。天然是动；动即是潜藏的（potential）物之实现（亚力士多德《物理学》第 3 章第 1 节）。如鸡卵乃一潜藏的鸡，其生长变化，即所以变为现实的（actual）的鸡，换言之，即所以实现鸡之形式，鸡之概念也。所以一切物之生长变化，皆有目的。其目的即在实现其概念，其概念即其好，其力因，其式因，其终因也。每一概念，即是一好，可比于"欲望之对象及思想之对象；能动物而不为所动"。"终因是：（一）为其故而有活动者，（二）为活动所以为目的者……终因为被爱而引起活动，即以其所动，引动一切。"（亚力士多德《后物理学》第1072页）此即谓概念如欲望之对象，可欲可爱故即为好；因其可爱，故能引起活动；活动即所以得可爱的好也。一切活动，皆是爱力。此亚力士多德所说之爱也。"凡爱好者，皆欲得之。"［柏拉图《一夕话》（Symposium）第204页］此柏拉图之言；亚力士多德之意见，盖亦相同（参看本书第三章第六节）。但依柏拉图，诸概念及绝对的好，皆不在此世界；只曾经哲学的修养而复返于理想世界者，可见绝对的好及诸物之形式而有之。依亚力士多德，则此世界即是理想世界。此世界之不断的变化，正是爱之表现。以此爱力，而潜藏（potentiality）与现实（actuality），潜藏的好与实际的好，乃相连贯。物之终因是"理，而理亦诸物之起点；人为的物及天然的物皆然"（亚力士多德 De Parribus Animalium 第639页）。故"理"为一切物之终始。概念非只在理想世界之中；此世界诸物，亦非仅其摹本。概念正是诸物之形式，亦即其生长变化之目的。故依柏拉图所说，则理想的与实际的分开；依亚力士多德所说，则理想的即实际的，或实际的即理想的。因概念即在此世界之故，即与概念相对之"物质"（看上节注），亦复是好。亚力士多德云：

  若物质即是潜藏的诸物，如吾人所说，例如实际的火之物质即是潜藏的火，如此则不好亦正是潜藏的好。（《后物理学》第1902页）

所以在亚力士多德之哲学中，更无与"智慧"相反者。"诸物之次序，是天然中之可能的最好的"（亚力士多德《伦理学》第1章第10节）。

第四节　所谓上帝

世界诸物，虽各有其终因，然亦非纯为其自己而存在。在此世界之中，"植物乃所以为动物用；动物乃所以为人用；人用家畜且以之为食料，又用野畜为食料或以之作别用，例如以之为衣料或别种器具"。"凡较低者皆为较高者而存在，此在天然界及人为界皆是一显著不变的规则。"（亚力士多德《政治学》第一章第九节）在亚力士多德哲学中，形式与物质，皆系相对的而非绝对的。例如就砖瓦而言，则土为物质而砖瓦为形式；就屋宇而言，则砖瓦为物质而屋宇为形式。对于动物，则植物为物质；对于人，则动物又为物质。凡较低者皆是较高者之物质；较高者皆为较低者之形式。盖此世界之全体乃一有机体的整个；合世界之诸物，乃成此世界之一大物也。故此世界之全体，亦自有其质因与终因。此世界中之物，皆世界之物质，世界之质因也。在此世界中，一切皆向一共同目的（亚力士多德《后物理学》第1075页）；此共同目的即一切物之公共的好，亦即世界全体之终因、式因、力因，与概念也。此世界之终因，即名曰上帝。

哲学史家对于亚力士多德所谓上帝及其对于世界之关系，颇多诤论。但依亚力士多德《后物理学》中所说及其哲学之普通倾向，则其所谓上帝，实即世界之终因；上帝与世界之关系，亦正如一他物之终因与其他物之关系也。亚力士多德以上帝为最先动者。盖一切终因，皆能起动；但其他终因，皆是相对的，独世界之终因，乃最高绝对的终因；世界诸物皆为此公同目的公同的好而动，故上帝是最先动者也。上帝又为至好，盖一切终因皆是好；但其他终因，既皆是相对的，故其好亦为相对的；上帝是最高绝对的终因，故亦为至好也。上帝又为最现实的。盖一切终因皆复可视为质因，换言之，即一切形式皆复可视为物质；物质为潜藏的诸物，皆有所实现；而上帝乃最高绝对的终因，更无所实现，故为最现实的也。上帝又只思想 [thinking on thinking（即以思想为思想之对象）]，而无以外所思（即不以他物为思想之对象）。盖一切形式，皆是"欲望或思想之对象"（见上节）；但其他形式，亦或为物质，故亦有其所欲所思之较高的形式；上帝为最高绝对的形式，故更无较高者以为其所欲所思之对象也；唯其如此，所以为自足而完全。上帝又绝对地不动。盖一切终因皆"动物而不为所动"；但其他形式亦或为物质，为物质则为形式之所动矣；上帝是最高的绝对的终因，更无能动之者，故为第一动者而自身永不动也。

故亚力士多德所谓上帝，非耶教所谓上帝；其哲学亦非普通所谓有神论。盖其所说上帝，非有人格者，而乃一"诸天及天然世界所依"之"原理"（亚力士多德《后物理学》第1072页）。此上帝即是柏拉图所说之"好之概念"。不过依柏拉图说，好之概念只为理想世界之管理者；至于感觉世界之管理者，则不过"好之儿子"（谓日也，见《共和》第506页，参看本书第三章第四节）而已。依亚力士多德，则此好中之好，正是此世界之终因。上帝如一领袖，世界如一军队。"宇宙性质中所包之好或至好，在于宇宙之秩序，亦在于其领袖"（亚力士多德《后物理学》第1075页）。唯有此公同的终因，所以世界诸物，皆连合而成一调和的统一，而此世界乃成一有机体的整个也。

第五节　灵魂与肉体

在大宇宙（macrocosm）中，上帝为世界之概念；在小宇宙（microcosm）中，灵魂为肉体之概念。灵魂与肉体之关系，亦正如上帝与世界之关系。亚力士多德谓灵魂乃肉体之力因、终因，及式因（亚力士多德《心理学》第412页）。又谓"灵魂必是一真的本质"，为"决定肉体之形式"，为"肉体之完全的实现"（同上）。又设譬云：

> 如眼有生命，则"见"即其灵魂。因"见"乃表现眼之概念之真实；而眼之自身，则不过"见"之物质根据而已。如眼不能见，则已不成其为眼。即仍名之曰眼，亦不过虚有其名，如石上所刻，图中所画者而已……又如"利"是斧之完全实现，现实的"见"乃眼之完全实现，故"醒"亦可谓系肉体之完全实现也。"见"非仅是眼之活动，

而实亦眼之内的能力；谓灵魂为肉体之真的实现，其义亦如此。肉体不过系物质的材料，灵魂与之以真实。正如眼是瞳子与其"见"，故活的动物，亦同时是肉体亦是灵魂。（亚力士多德《心理学》第412页）

此谓肉体之于灵魂，正如眼之于"见"，斧之于"利"，不可分，亦不能分也。范缜《神灭论》云："形者，神之质；神者，形之用……神之于质，犹利之于刀；形之于用，犹刀之于利。"（《梁书》卷四十八）此意与亚力士多德所说正同。

此所说灵魂与肉体之关系，与柏拉图所说亦异。柏拉图之大宇宙既有二分，其小宇宙亦有二分，依其说，则灵魂之在躯壳，正如人之处于牢狱，日思逃逸，唯恐不速。依亚力士多德所说，则灵魂正是肉体之形式，肉体之实现。如此则灵魂肉体，本是一物之两面；灵魂固善，肉体亦非恶也。

第六节　不好之起源

但如世界之中一切皆好，则不好果自何来耶？亚力士多德谓不好盖源于天然之偶然的失败。彼云：

> 吾人皆以为，好人之子孙应是好人，正如人之所生是人，兽之所生是兽。天然之目的，亦实欲致此结果，但常失败耳。（亚力士多德《政治学》第1章第8节）

吾人之行为，往往有不能达其目的者；天然之活动亦然；此即天然之失败也。又吾人之行为，往往生出人意外之结果；天然之活动，亦复如是。吾人行为之结果，如非吾人所预期，吾人谓其系由于"偶然"（亚力士多德所谓 chance）；天然活动之结果，如不合天然之目的，吾人谓其系由于"自然"（亚力士多德所谓 spontaneity）（此所谓"自然"有特别意义，不可以之与"天然"相混。依亚力士多德之意，凡违反天然公例而发生者，方是"自然"，以其"自然"发生，无理由之可言也)。"自然"是"无可见之原因而发生者"，是一种"怪异的"现象，"违背天然律而发生者"（亚力士多德《物理学》第2章第6节）。"偶然"与"自然"，皆系例外的，故亦为不合理的；盖理只在永久的，或至少亦系普通的，物中也（同上书第2章第5节）。但宇宙中既有如是之例外，故此世界虽好，而在其中究不能人人如意。"凡人皆欲有好的生活，皆欲有幸福；此最显而易见。但虽有人有力能得幸福，而其余人则不能；此盖由于天然之错误或命运也。"（亚力士多德《政治学》第4章第8节）然例外终不过是例外：

> 偶有的原因（accidental cause）不能高于主要的原因（essential cause），故"偶然"与"自然"，终在智慧与天然之后。吾人即退一步而谓"偶然"能为天（物质的天）之原因，而智慧与天然终应为诸现象及全宇宙之较高的原因也。（亚力士多德《物理学》第二章第六节）

所以天然虽不幸时有失败，而终不害此世界之为完善的世界也。

第七节 艺术之目的

然天然之常失败，既系事实；所以必须人为的艺术，以补其不足。盖"一切艺术及教化，皆所以补天然之缺陷"（亚力士多德《政治学》第六章第十七节）也。如天然之生人，本欲其能存在于世界。然人之初生，无衣无履，又无自卫之器。于是人乃自造种种器具，以维持生活（见亚力士多德 De Partibus Animalium 第687页）。此固天然之目的，艺术辅之使得实现。又如天然之目的，欲使生物能保健康；生物皆本有抵抗疾病之力，即其证也。然生物仍不能无病；于是又有医药之艺术，以救天然之失败。所以艺术并非所以征服天然，如进步派哲学家所说。艺术盖所以补助天然以实现美与好也。

且艺术乃人所发明，而人又系天然所生。由斯而言，则艺术不过天然之继续而已。禽兽之用爪牙，是天然的；人之用刀剑，亦何不可为天然的？鸟之筑巢，是天然的；人之造屋，亦何不可为天然的？一切艺术皆人性发展之天然结果，而人之智慧亦正天然之智慧之表现也。

第八节　国家之起源

国家之构成亦系天然的。"国家是天然的制度"，"人是天然的政治动物"（亚力士多德《政治学》第1章第2节）。人不能独处而必群居，此人之性也。"男女必相结合以生子女；其所以为此，亦并非由于勉强计虑。此盖与一切动物植物之皆欲遗留肖己之后裔，同是天然的。"（同上）男女结合，构成家庭；诸家联络，聚为村落。亚力士多德云：

> 最后诸村连合；此连合，在其完全的形式，即是国家。在国家中，人之独立之目的，始可得到。盖国家之存在，乃所以使人生善好，正如国家之构成，乃所以使人生可能。所以如谓简单的连合，如家庭村落等，有天然的存在，则国家亦必有天然的存在。盖在国家中，家庭村落等，可有完全的发展，而天然即包含完全的发展。盖因任何物之天然，例如人，屋，马之天然，即是其发生程序已经完全之情形也。又国家之为天然的，亦可以别法证明之。凡物之目的或其完全发展，即是其最高的好。在国家中方始得到之独立，乃一完全发展之最高的好，故亦为天然的。（亚力士多德《政治学》第1章第2节）

此谓唯在国家中，人始能到完全发展之情形；亦即谓人之概念，唯在国家中，乃可以实现。由此而言，则人若无国家，或不在国家中，严格地说，即非是人；盖以其未完全发展，未完全实现人之概念也。

此所说国家之起源，与《易·序卦》所说，可谓极相合。彼云："有男女而后有夫妇；有夫妇而后有父子；有父子而后有君臣；有君臣而后有上下；有上下而后礼义有所错。"（见本书第八章第五节）无上下则礼义无所错；人无礼义，则亦非人；依儒家说，有礼义至少亦系人之所以为人者之一部分；人无礼义；即失其所以为人，而不合人之概念矣。儒家亦固认人惟在国家中乃能尽其性也。

亚力士多德又以为国家应为有智有德者所统治；又以为国家之主要事业，乃教育而非法律刑罚。"组织最好之国家，即能与人以最大的幸福者。""幸福即至善，幸福即在道德之完全的活动及实践之中。"（亚力士多德《政治学》第4章第13节）

第九节　道德与中

所谓道德之义，又何若耶？亚力士多德谓道德即在中之中。中者，无过与不及之谓；道德即吾人特意所成之心理的状况，能合乎中者也（亚力士多德《伦理学》第2章第6节）。吾人之感情与行动，均常有过与不及。如关于资财之取与，则奢靡为过，吝啬为不及，而"乐施"则其中。如关于情欲，则荒淫为过，完全冥顽无欲为不及，而"节制"则其中。诸如此类，亚力士多德言之甚详（见亚力士多德《伦理学》第2章第7节），今不具述。总之吾人之感情及行动，如有过或不及，即均为有失；惟中可贵耳。

中又有相对的与绝对的之分。外界事物，可有绝对的中。譬如一尺长之线，五寸之处为其中点，无论对于何人，皆是如此。又如在数学中，六为二与十之间之中，盖六之大于二，犹其小于十也；此亦无论对于何人，皆不变更。但在人事中，则中为相对的。如云食十磅肉过多，二磅过少，故一切人皆须折中而食六磅，此则不可；盖以人之食量，大不相同，故不可执一而论也。人之情感之发及他一切举动，其时，其地，及其所向之人，均随时不同，故其如何为中，亦难一定。吾人所敢定者，即一切感情行动，必"发于正当的时期，施于正当的人物，有正当的原因，而出以正当的态度"（亚力士多德《伦理学》第二章第五节）。如斯可为合于中，如斯可谓至善。至于究竟何为"正当"，亚力士多德以为应依理性或明智谨慎的人所决定（同上书第2章第6节）。

亚力士多德此所说，与儒家所谓"时中"颇相符合。对于道德果由于天然或人定之问题，亚力士多德云：

> 吾人之有道德，非由于天然，亦非由于反抗天然。天然给予吾人以能受道德之能力，而习惯完成之。（亚力士多德《伦理学》第2章第1节）

第十节 快乐与活动

亚力士多德云：

> 有人谓好是快乐，但又有人谓快乐是极端地不好。（亚力士多德《伦理学》第十章第一节）

伦理学史中，固有此相反的见解。依亚力士多德之意，快乐是好，不过吾人应注重快乐之质的差别，而不应专注意于其量的差别（如读书与打球，其乐不同，此快乐之质的差别。快乐之量的差别，则指其多少强弱，换言之，即其分量之大小）。每种快乐，在每时刻中，皆是一整个的，完全齐备，更无所待。亚力士多德云：

> 视之活动，在任何时，皆似是完全齐备；此活动更无须另有所生，以使其完全。在此方面，快乐似与视相似；快乐是整个的；无论何时，不见有快乐，其完全必有待于延长时间者。（亚力士多德《伦理学》第10章第2节）

每一快乐，皆自有特殊性质而且当时完全齐备；所以吾人应注重其质的差别也。

快乐果何由生耶？亚力士多德谓快乐在于无阻的活动之中。（亚力士多德《伦理学》第 7 章第 13 节）又云：

> 如所思或所感觉之对象，及能思能感觉之主体，皆如其所应该，则活动之进行中，即有快乐……（亚力士多德《伦理学》第 10 章第 4 节）

所谓"皆如其所应该"者，即谓在最好的情形之中；一物之最好的情形，即一物所应该之情形也。如一器官，在其最好的、极健康的，情形之中，其所向之对象，又亦"如其所应该"，则其活动，即生快乐。"快乐完成活动"，"故亦完成生活；生活者，人欲之目的也"（同上）。快乐与生活之互相连结，如此之密，致使吾人不知吾人果系为快乐而欲生活，抑或为生活而欲快乐。"无活动则快乐不可能，而每活动皆有快乐以完成之。"（同上）

快乐完成活动，吾人活动有多种，故快乐亦有多种，其性质皆不相同；吾人果应求何种快乐耶？亚力士多德谓，凡有道德者所以为快乐之快乐，乃真快乐（同上书第 10 章第 5 节），亦即吾人所应求者。此种快乐乃与"人"相宜者（同上），亦即幸福之要素，至高的好（同上书第 10 章第 7 节）。

第十一节　思考的生活

亚力士多德又云：

> 如幸福在于道德的活动之中，则吾人应以为幸福是最高的道德之活动，换言之，即是吾人天性中最好的部分之活动……思考是最高的活动，盖直觉的理性是吾人官能中之最高者，而与直觉理性有关之对象，亦吾人所能知诸物中之最高者也。思考又是最连续的；盖吾人之思考，比他种行为，皆较易连续也……如哲学有奇洁而确定的快乐；此则无论在何方面而皆似然者也。（亚力士多德《伦理学》第十章第七节）

思考的生活（亚力士多德所谓活动，仍依其最广之义，故思考亦为活动；思考的生活在彼仍为活动的生活也）是最好的生活。盖第一，此生活较自足而独立。（同上）他种道德之实行，多有所待，如慷慨乐施必有待于富，而思考则无所待。第二，思考之目的即在其自身。（同上）他种行为，多有其自身以外之目的，如战争之目的在求和平，而思想则无其自身以外之目的。第三，思考又与情欲无关。（同上）他种道德，多与情欲有关，如勇之于怒，节制之于嗜欲；思考则与一切无关，极其纯洁。无论在何方面，思考的生活，皆与神的生活相似。"上帝或宇宙之所以为完全者，以其一切行动，皆自足而无其自身以外之结果。"（亚力士多德《政治学》第4章第4节）上帝之活动是思想，是"以思想为对象之思想"（亚力士多德《后物理学》第1074页）。上帝亦无情感，盖情感乃"吾人性中之混合的或物质的部分"（亚力士多德《伦理学》第10章第8节）。所以"思考的生活，于人将为太好。人之所以能享受如此的生活者，非因其人之性质，乃因其人之性质中所含之神的原素也……"（同上）

第十二节　余论

此亚力士多德所说之最好的生活也。亚力士多德又以为其他生活，非思考的生活，中之幸福，实为较次；盖此种乃系人的生活，完全与人事有关，无神的元素在其内。然依此说，则人之能享真幸福者将甚寡；盖世上多数人皆不能不为人事所牵掣，无必需之闲暇以作思考生活也。亚力士多德知欲享活动之好，则其活动必为独立的，自足的，无待于结果，且不为情欲之所累。他以为吾人所有活动，非尽能合此诸条件；其能完全相合者，惟思考的活动而已。但依中国"新儒家"之哲学所说，则一切活动，皆不碍养心。吾人如有充分的修养，则"动亦定，静亦定"（程明道《定性书》），"虽酬酢万变，常是从容自在"（王阳明《传习录》上）。故人事中实亦有神的生活，二者并非不相容也。

第十章

新儒家

中国宋元明时代所流行之哲学，普通所称为"道学"或"宋学"者，实可名曰新儒学。盖此新儒家虽自命为儒家，而其哲学实已暗受佛学之影响，其"条目工夫"，与古儒家之哲学，已不尽同。惟此派哲学之根本观念，即此派哲学家对于宇宙及人生之根本见解，则仍沿古儒家之旧，未大改变；所以此新儒家仍自命为儒家，而实亦可谓为儒家。惟其如此，所以此新儒家虽受所谓"二氏"之影响，而仍力驳"二氏"，盖"二氏"对于宇宙及人生之根本见解，实与儒家大异也。普通分新儒家为陆王、程朱二派，亦可谓为左右二派。陆王为左派，尤为"近禅"。然正以其"近禅"，故在其中新儒学之特点，即其所以异于旧儒学者，尤为显著。本章即略述王阳明之学说，以见此派哲学之大概。

第一节　万物一体

王阳明《大学问》云：

"《大学》者，昔儒以为大人之学矣。敢问大人之学，何以在于明明德乎？"阳明子曰："大人者，以天地万物为一体者也。其视天下犹一家，中国犹一人焉。若夫间形骸而分尔我者，小人矣。大人之能以天地万物为一体也,非意之也,其心之仁本若是其与天地万物而为一也。岂惟大人,虽小人之心亦莫不然,彼顾自小之耳……故夫为大人之学者,亦惟去其私欲之蔽,以自明其明德,复其天地万物一体之本然而已耳;非能于本体之外,而有所增益之也。"曰:"然则何以在亲民乎?"曰:"明明德者,立其天地万物一体之体也;亲民者,达其天地万物一体之用也。故明明德必在于亲民,而亲民乃所以明其明德也……君臣也,夫妇也,朋友也,以至于山川鬼神鸟兽草木也,莫不实有以亲之,以达吾一体之仁,然后吾之明德始无不明,而真能以天地万物为一体矣……是之谓尽性。"曰:"然则又乌在其为止于至善乎?"曰:"至善者,明德亲民之极则也。天命之性,粹然至善;其灵昭不昧者,此其至善之发见,是乃明德之本体,而即所谓良知者也。至善之发见,是而是焉,非而非焉,轻重厚薄,随感随应,变动不居,而亦莫不自有天然之中。是乃民彝物则之极,而不容少有拟议增损于其间也。少有拟议增损于其间,则是私意小智,而非至善之谓矣……盖昔之人固有欲明其明德者矣;然惟不知止于至善而骛其私心于过高;是以失之虚罔空寂,而无有乎家国天下之施,则二氏之流是矣。固有欲亲其民者矣;然惟不知止于至善而溺其私心于卑琐;是以失之权谋智术,而无有乎仁爱恻怛之诚,则五伯功利之徒是矣。是皆不知止于至善之过也……"(《全书》卷二十六)

钱德洪云:"《大学问》者,师门之教典也。"(《全书》卷二十六)王阳明之宇宙观及人生观,尽在是矣。天地万物,本是一体。"人的良知就是瓦石的良知……盖天地万物与人原是一体。"(《传习录》下)"人心是天渊,无所不赅。原是一个天,只为私欲障碍,则天之本体失了……如今念念致良知,将此障碍窒塞一齐去尽,则本体已复,便是天渊了。"(同上)吾人应亲民以明明德,即谓吾人应以"爱之事业"打破"个性原理"(见本书第4章第5节)也。既已打破"个性原理"者,即深感世界之苦痛。王阳明云："夫子（孔子）汲汲皇皇，若求亡子于道路，而不暇于暖席者，宁以蕲人之知我信我而已哉？盖其天地万物一体之仁，疾痛迫切，虽欲已之而自有所不容已……若其遁世无闷，乐天知命者，则固无入而不自得，道并行而不相悖也。"（《答聂文蔚书》，《全书》卷二）既"有所不容已"，故不能不有所为。故已"合内外之道"（见本书第8章第9节）者，即以仁爱恻怛之诚，为"家国天下之施"，而不遁于"虚罔空寂"。此新儒家见解之所以异于虚无派，而亦即其所以合于旧儒家者也。

第二节　致良知

"明德之本体即所谓良知"；故明德亲民，皆是致良知，亦即是致知。"然欲致其良知，亦岂影响恍惚而悬空无实（此指二氏）之谓乎？是必实有其事矣，故致知必在于格物。物者，事也。"（《大学问》）"心之所发便是意……意之所在便是物。如意在于事亲，即事亲便是一物。……意在于仁民爱物，即仁民爱物便是一物。意在于视听言动，即视听言动便是一物。"（《传习录》上）"格者，正也；正其不正以归于正也。正其不正者，去恶之谓也；归于正者，为善之谓也。"（《大学问》）良知乃"天命之性，吾心之本体，自然灵昭明觉者也。凡意念之发，吾心之良知，无有不自知者。其善欤，惟吾心之良知自知之；其不善欤，亦惟吾心之良知自知之"。吾人诚能"于良知所知之善恶者，无不诚好而诚恶之，则不自欺其良知，而意可诚也已。"（并《大学问》）不自欺其良知，即实行格物，致知，诚意，正心，亦即实行明明德也。格之既久，一切"私欲障碍"皆除，而明德乃复其天地万物一体之本然矣。此王阳明所谓"尧舜之正传""孔氏之心印"（《大学问》）也。

第三节　对于"二氏"之批评

依叔本华说，吾人若能打破个性原理而至于万物一体之境界，则吾人在此世界中当更觉苦痛；所以吾人必取消意欲，以至于"无"。其所以不主以"仁爱恻怛之诚"，为"家国天下之施"者，盖知吾人意欲永无满足之时，故人生一切情形亦绝无改良之希望也。惟其逆料一切努力之必无结果，故必放弃此世界。即佛家昌言"大悲"，以普救众生为目的，然其主旨亦无非使众生成佛，皆至于"无"而已。依儒家说，则吾人正应"莫问收获，只问耕耘"，"正其谊不谋其利，明其道不计其功"；既"有所不容已"，则即应有所为，其结果如何，则不必计亦不能计也。然吾人若诚能不计"为"之结果，则"为"中自有一种好；所以一方面虽"疾痛迫切"，"有所不容已"，而一方面则又"乐天知命"，"无入而不自得"，"并行而不相悖也"。

又王阳明《传习录》云：

> 先生尝言佛氏不着相，其实着了相；吾儒着相，其实不着相；请问。曰："佛怕父子累，欲逃了父子；怕君臣累，欲逃了君臣；怕夫妇累，欲逃了夫妇。都是为个君臣父子夫妇着了相，便须逃避。如吾儒有个父子，还他以仁；有个君臣，还他以义；有个夫妇，还他以别。何曾着父子君臣夫妇的相？"（《传习录》下）

又云：

> 仙家说到虚，圣人岂能虚上加得一毫实？佛家说到无，圣人岂能无上加得一毫有？但仙家说虚，从养生上来；佛家说无，从出离生死苦海上来。却于本体上加却这些子意思在，便不是虚无的本色了，便于本体有障碍。圣人只是还他良知的本色，更不着些子意思在。良知之虚，便是天之太虚；良知之无，便是太虚之无形。日月风雷，山川民物，凡有貌象形色，皆在太虚无形中发用流行，未尝作得天的障碍。圣人只是顺其良知之发用；天地万物，俱在我良知的发用流行中；何尝又有一物超于良知之外，能作得障碍？（《传习录》下）

"二氏"有意于"不着相",有意于"虚""无"。有意于不着相,此有意即是着相;有意于求"虚""无",此有意即非"虚""无"。唯顺良知之自然而"为",对于一切俱无所容心于其间,而不有意计较安排;则有为正如无为。以此求"虚""无","虚""无"当下即是矣。

第四节　爱之中道

依叔本华说,人生之自身即是一大矛盾。同情心既为吾人所同有,而事实上吾人之生活,必牺牲他物,方能维持。即佛家者流,慈悲不食肉,然亦不能不粒食也。以万物为一体者,何能出此?依儒家说,则吾人之爱,本有差等。此说自孟子始显言之;新儒家更为"理一分殊"之说,大畅其旨。如王阳明《传习录》云:

问:"程子云:'仁者以天地万物为一体。'何墨氏兼爱,反不得谓之仁?"先生曰:"此亦甚难言,须是诸君自体认出来始得。仁是造化生生不息之理,虽弥漫周遍,无处不是,然其流行发生,亦只有一个渐,所以生生不息……譬之木,其始抽芽,便是木之生意发端处……父子兄弟之爱,便是人心生意发端处,如木之抽芽。自此而仁民,而爱物,便是发干,生枝,生叶。墨氏兼爱无差等,将自家父子兄弟与途人一般看,便自没了发端处。不抽芽便知他无根,便不是生生不息,安得谓之仁?"(《传习录》上)

又云:

问:"大人与物同体,如何《大学》又说个厚薄?"先生曰:"惟是道理自有厚薄。比如身是一体,把手足捍头目,岂是偏要薄手足?其道理合如此。禽兽与草木同是爱的,把草木去养禽兽又忍得。人与禽兽同是爱的,宰禽兽以养亲,与供祭祀,燕宾客,心又忍得。

至亲与路入同是爱的,如箪食豆羹,得则生,不得则死,不能两全,宁救至亲不救路人,心又忍得。这是道理合该如此。及至吾身与至亲,更不得分别彼此厚薄;盖以仁民爱物皆从此出,此处可忍,更无所不忍矣。《大学》所谓厚薄,是良知上自然的条理,不可逾越,此便谓之义。顺这个条理,便谓之礼。知此条理,便谓之智。始终是这条理,便谓之信。"(《传习录》下)

此即谓吾人良知,在相当范围内,亦承认自私为对耳。同情心固为吾人固有,而自私心亦何莫不然?吾人本来有此二本能的倾向;儒家爱有差等之说,盖即所以调和之。依此说则吾人固"爱物",但在必要时仍不妨以之为牺牲;盖"君子之于物",固"爱之而弗仁"也。吾人固爱人,但于所亲,又有差别;盖"君子之于民",固"仁之而弗亲"也。"君子亲亲仁民;仁民而爱物"(《孟子·尽心上》),此爱之差等也。

第五节 恶之起源

吾人一切本能的倾向,儒家俱不以为恶。不过此诸倾向之发,时有太过或不及;其太过或不及是恶,非此倾向之本身是恶也。王阳明《传习录》云:

> 问:"先生尝谓善恶只是一物;善恶两端,如冰炭相反,如何谓只一物?"先生曰:"至善者,心之本体;本体上才过当些子,便是恶了;不是有一个善,却又有一个恶来相对也。故善恶只是一物。"直因闻先生之说,则知程子所谓"善固性也,恶亦不可不谓之性"。又曰:"善恶皆天理;谓之恶者本非恶,但于本性上过与不及之间耳。"其说皆无可疑。(《传习录》下)

自私之本身亦非恶,自私过当乃恶。不过在一般人中,自私心之发,常失于过当；而同情心之发，则常失于不及。所以新儒家常以"私欲"为恶，且常以之为诸恶之本源。如王阳明云：

> 小人之心，既已分隔隘陋矣，而其一体之仁，犹有不昧若此者，是其未动于欲而未蔽于私之时也。及其动于欲，蔽于私，而利害相攻，忿怒相激，则将戕物圯类，无所不为，甚至有骨肉相残者，而一体之仁亡矣。（《大学问》）

此所谓私，乃指过当之私；私而过当，当然是恶。至于"君子之于民也，爱之而弗仁；其于物也，仁之而弗亲"；此中之私适中，无太过之失，故是善也。至于所谓欲者，其自身亦非是恶。王阳明《传习录》云：

> 问："知譬日，欲譬云；云虽能蔽日，亦是天之一气合有的；欲亦莫非人心合有否？"先生曰："喜、怒、哀、惧、爱、恶、欲，谓之七情；七者俱是人心合有的。但要认得良知明白。比如日光，亦不可指着方所；一隙通明，皆是日光所在。虽云雾四塞，太虚中色象可辨，亦是日光不灭处。不可以云能蔽日，教天不要生云。七情顺其自然之流行，皆是良知之用，不可分别善恶，但不可有所着。七情有着，俱谓之欲，俱为良知之蔽。然才有着时，良知亦自会觉；觉即蔽去复其体矣。"（《传习录》下）

又云：

> 问有忿懥一条。先生曰："忿懥几件，人心怎能无得？只是不可有耳。凡人忿懥，着了一分意思，便怒得过当，非廓然大公之体了。故有所忿懥，便不得其正也。如今于凡忿懥等件，只是个物来顺应，不要着一分意思，便心体廓然大公，得其本体之正了。且如出外见人相斗，其不是的，我心亦怒；然虽怒，却此心廓然，不曾动些子

气。如今怒人，亦得如此，方才是正。"（《传习录》下）

所以七情不能有所着者，盖"着了一分意思，便怒得过当，非廓然大公之体"矣。"圣人之喜，以物之当喜；圣人之怒，以物之当怒"（程明道《定性书》）；非"有"喜怒，即非有意于为喜怒也。圣人心如明镜，"廓然而大公，物来而顺应"；当喜者喜之，当怒者怒之；而本体虚明，对于所喜所怒之物，毫无沾滞执着，所以亦不为其所累也。

以上所说，乃道德的恶，至于物质的恶，则纯起于吾人之好恶。一切外物俱本来无善恶之分也。王阳明《传习录》云：

> 侃去花间草，因曰："天地间何善难培，恶难去？"先生曰："……此等看善恶，皆从躯壳上起念，便会错……天地生意，花草一般，何曾有善恶之分？子欲观花，则以花为善，以草为恶；如欲用草时，复以草为善矣。此等善恶，皆由汝心好恶而生，故知是错。"曰："然则无善无恶乎？"曰："无善无恶者理之静；有善有恶者气之动；不动于气，即无善无恶；是谓至善。"曰："佛氏亦无善无恶，何以异？"曰："佛氏着在无善无恶上，便一切都不管，不可以治天下。圣人无善无恶，只是无有作好，无有作恶，不动于气；然遵王之道，会其有极，便自一循天理，便有个裁成辅相。"曰："草既非恶，即草不宜去矣。"曰："如此却是佛老意见；草若有碍，何妨汝去？"曰："如此又是作好作恶。"曰："不作好恶，非是全无好恶，却是无知觉的人。谓之不作者，只是好恶一循于理，不去又着一分意思；如此却是不曾好恶一般。"曰："去草如何是一循于理，不着意思？"曰："草有妨碍，理亦宜去，去之而已；偶未即去，亦不累心。若着了一分意思，即心体便有贻累，便有许多动气处。"（《传习录》上）

外物之善恶，乃起于吾人之好恶。吾人虽应知外物之本无善恶，然亦不必废吾心之好恶，但应好恶而无所着耳。无所着则"心体无贻累"矣。

第六节　动静合一

所谓"一循于理"者，即一循良知之自然也。王阳明云：

> 圣人致知之功，至诚无息。其良知之体，皎如明镜，略无纤翳。妍媸之来，随物见形，而明镜曾无留染；所谓情顺万物而无情者也。无所住而生其心；佛氏曾有是言，未为非也。明镜之应物，妍者妍，媸者媸，一照而皆真，即是生其心处；一过而不留，即是无所住处。（《传习录》中）

"无所住"即"无所着"。"草有妨碍，理亦宜除，去之而已"，"即是生其心处"；"偶未即去，亦不累心"，"即是无所住处"。若能如此，则虽终日"有为"而心常如"无为"，所谓动静合一者也。王阳明云：

> 心无动静者也。其静也者，以言其体也；其动也者，以言其用也。故君子之学，无间于动静。其静也常觉，而未尝无也，故常应。其动也常定，而未尝有也，故常寂。常应，常寂，动静皆有事也，是之谓集义；集义故能无祗悔，所谓动亦定，静亦定者也。心一而已，静其体也，而复求静根焉，是挠其体也。动其用也，而惧其易动焉，是废其用也。故求静之心即动也，恶动之心非静也，是之谓动亦动，静亦动，将迎起伏，相寻于无穷矣。故循理之谓静；从欲之谓动。欲也者，非必声色货利外诱也；有心之私，皆欲也。故循理焉，虽酬酢万变皆静也；濂溪所谓主静无欲之谓也；是谓集义者也。从欲焉，虽心斋坐忘亦动也；告子之强制正助之谓也；是外义者也。（《答伦彦式》，《全书》卷五）

动静合一，乃是真静，绝对的静。动亦定，静亦定，乃是真定，绝对的定。程明道《定性书》所说，亦与此同。

如此则"天理常存，而其昭明灵觉之本体，无所亏蔽，无所牵扰，无所恐惧忧患，无所好乐忿懥，无所意必固我，无所歉馁愧怍，和融莹彻，充塞流行；动容周旋而中礼；从心所欲而不逾；斯乃所谓真洒落（《明儒学案》引作乐）矣"（《答舒国用》，《全书》卷五）。

第七节　余论

新儒家皆承认性善之说，而王阳明所说之良知，尤为其哲学系统之根基；以今观之，亦不过一种假定耳。新儒家之调和"有""无""动""静"，不无成就；其修养之道，又皆本于其自己身体力行之经验。所以本章专就此方面述之。至于对于礼乐国家等，新儒家之见解与旧儒家同，故不再论。

第十一章

海格尔（即黑格尔）

西洋近代史中之一最重要的事，即是"我"之自觉。"我"已自觉之后，"我"之世界即中分为二："我"与"非我"。"我"是主观的；"我"以外之客观的世界，皆"非我"也。客观的世界，虽是"可知的""可治的"，而终是"非我"。所谓损道诸哲学所说万物一体之境界，在进步主义中，终难得到。盖此境界之得到，须要多少"自我否定"；而进步主义则完全基于"自我肯定"也。

第一节 海格尔对于康德及飞喜推之批评

"我"与"非我"相对之二元论，在西洋近代哲学中，甚有势力。洛克、休谟之知识论，皆认"我"与外界之间，有不可逾之鸿沟。即德国哲学家普通所认为理想派者，其哲学亦多含此二元论。如康德谓吾人知识之所及，自是吾人知识中之世界，现象世界。所谓时、空、因果，及其他诸关系，皆不过吾人知识中之主观的范畴，吾人知识所加于客观的世界者，非外界之所固有也。至于客观的世界之本体，所谓物之自身，则非吾人所能知。盖吾人知识所及，本只限于现象世界；物之本身，一为吾人所知，即入于知识之范畴，而为现象矣。海格尔云：

> 康德在意识诸阶级中所作之观察，积为一总结论；此结论即是，凡吾人所知之内容，皆不过现象而已。然此现象世界并非思想之终点；此外又有别一较高之域。但在康德哲学中，此较高之域，乃一不可入的别一世界。（《论理学》Wallace 英译本第 119 页）

此"较高之域"，其存在与其内容，均非吾人之所知，而只为吾人之所信；吾人只可信其有而已。飞喜推以为"我"即是上帝，即是宇宙之根本原理。然我之外，仍有"非我"；"我"必以无限的工作征服"非我"；其最后的成功，亦不可证明；吾人亦只能"信"其必成功而已。（参看本书第七章第十一节）海格尔云：

> 结果飞喜推永未超过康德之结论；此结论即是，只"有限"可知，"无限"则出乎思想范围之外。康德所谓物之自身，飞喜推谓为自外的冲动；此自外的冲动，即是"我"以外之物之抽象，不可叙述，不可确说，只可消极地概而谓为"非我"而已。在此情形之中，"我"不过一继续的活动，以胜此冲动，以求自由。但真正的自由，"我"永不能得；盖"我"之存在即是其活动；若此自外的冲动停止，"我"亦即无有矣。（《论理学》Wallace 英译本第 120 页）

依飞喜推所说，则"我"及"非我"之间，不但有不可逾之界限，二者且常在交战状态之中；"我"常以战胜"非我"为目的；此飞喜推之所以可为进步主义之代表也。

有神秘性质之人，对于进步主义之宇宙观及人生观，尤对于此二元论，当永不能满意。盖此类人之所欲，乃宇宙之统一，及人与宇宙全体之内部的结合也。以此类人之眼光观之，进步主义即能令吾人统治宇宙之全体，然人之在宇宙，终如战胜民族之在其征服地，虽权能治之，而终不能觉其即为家乡。此所以在西洋近代哲学史中，有所谓宗教与科学之争也。

海格尔之哲学，开端即破此"我"与"非我"，主观与客观，相对之二元论。依海格尔说，世界一切，皆绝对的精神（或仅曰绝对）之表现。绝对的精神，本只是统一的、调和的"一"，其所以必变为复杂的、矛盾的"多"者，盖非如此不能自觉也。

第二节 "在自"、"为自"与"为他"

"自觉"乃海格尔哲学中一重要观念。欲明其义，当先说明彼所谓"在自"（in itself）、"为自"（for itself）及"为他"（for others）之义。鸟兽虫鱼，原人婴儿，无思无虑，不识不知，随顺天然，率性而行；浪漫派哲学家视之，以为此鸟兽原人等，必至乐矣。无思无虑，率性而行，诚有可乐。但原人鸟兽等，果自知其自己之无思无虑，率性而行否耶？又果自知无思无虑，率性而行，之为可乐否耶？诗人"乐草木之无知"，然草木既无知矣，又乌知无知之可乐耶？故此等之乐，乃仅为"吾人旁观者所知"（known to us）；有此乐者，不自知之也；其所以不自知之者，无自觉心也。惟其乐之仅为旁观者所知，故其乐亦即为"为他"而非"为自"。浪漫派主张取消文明，回复天然境界；其说亦颇持之有故，言之成理；但彼未知，吾人所以知天然境界之有幸福者，正因吾人已经过人为境界也；若非有此一重经验，则吾人即在天然境界，亦如鸟兽虫鱼，虽有幸福而亦不自知之。成人每羡婴儿之乐，正因其已有成人之经验耳；婴儿自身，固不自知婴儿之乐也。浪漫派主将文明社会回复至天然境界，将成人回复于婴儿；"回复"二字，甚有重要意义。盖原人婴儿之幸福，非经"回复"所得者，只是"在自"，只有之而不自知之，故亦只是"为他"而非"为自"。浪漫派之理想的天然境界，乃"回复"以后之天然境界，非原来的天然境界也。

以上所说，似系事实；海格尔之哲学系统，亦即建于其上。绝对的精神，在其原来状态中，固有调和与统一；但此原始的调和与统一，乃系"为他"而非"为自"。绝对的精神，在此状态中，亦即是上帝，但无自觉心而不自知其为上帝耳。"胎儿已隐然（implicitly）是人，但非显然（explicitly）是人；盖彼不自以为人也（为自）"［海格尔《心之现象学》（Phenomenology of Mind）英译本第19页］。胎儿是"在自"的人，人是"在自"与"为自"的人。在要素上，胎儿已是人，但必至成人之阶级，经过发展、冲突、争斗诸程序，然后能自觉；能自觉而后"自以为人"，可以有"自觉的自由"（同上）矣。上帝亦复如是。上帝必放弃其原始的调和与统一，以有纷乱冲突的世界，盖非如此不足以成为"在自"与"为自"的上帝也。

第三节 对于"创世"之解释

绝对的精神，或原始的"有"（being），在其原始的统一中，"乃简单的直接（Immediacy 即原始未经过中间之变化者。如由纷乱得回之统一，与原始的统一，自不相同；盖后者未经过中间之纷乱，故其内容亦简单也），单纯客观的存在；但仅直接或存在，无有自我"（海格尔《心之现象学》第781页）。绝对的精神，必须是"为自"的精神，必须自觉其为绝对的精神。所谓必自觉其为绝对的精神者，"即必以其自己为其自己之对象"（同上书第22页）。此永久的精神，于是必为其自己之"他"（Other 即与自己相对者；绝对精神以其自己为其自己之对象，故即以其自己为其自己之他）。所谓世界，即精神之"他"也。耶教中所说上帝创造世界，即所以形容此精神之动耳。（同上书第781页）精神之所以必为其自己之"他"，正因其欲复返于自己；其所以必有世界之纷多，正因其欲复返于统一。不过其所复返之自己，已非原来之自己；其所复得之统一，已非原来之"原始的，直接的统一"（同上书第17页）。复得的"统一"，乃"复得的"统一，乃有自觉的统一，"为自"的统一。绝对精神必变而为其"他"，正因欲超过其"他"。其所以欲超过其"他"，正因其必须自觉。绝对精神必入空间而为天然世界，必入时间而为历史。一切进化之阶级，皆必要的，皆绝对精神所必经过。其所以如此之目的，乃极简单，即绝对精神必须自知其为精神。（同上书第822页）

第四节　对于"堕落"之解释

世界中之"个体的我"（individual self）即"客观存在的精神"（objectively existent spirit）也（海格尔《心之现象学》第782页）。"个体的我"，初亦如婴儿然，无自觉，亦不自知有己。不识不知，烂漫天真，固亦甚美而可取；但此时之烂漫天真，乃"为他"而非"为自"。"儿童时代之调和乃天然之礼物，第二次之调和必出自精神之工作与教化。"（海格尔《论理学》英译本第55页）"个体的我"必肯定其自己，必使其自己立于与天然相反之地位。耶教所说人类之"堕落"即所以形容此也。依耶教圣经《创世纪》所说，亚当夏娃违禁而食善恶知识之树之果，因以遭贬而"堕落"。方食果后，此人类之原始祖先即自觉其自己之为裸体。"人于是即与其天然的感觉的生活分开；此害羞之感，即其证也。"（同上书第56页）海格尔又云：

> 人初只是天然的存在；当其离开此路之时，人即为自觉的主体；于时人与天然世界之间，即有界限矣。但此界限，虽为精神概念中之必要的分子，而却非人之最终的目的。思想意志之一切有限的动作，皆属于此内的分裂境界之中。在此有限的范围内，人各求达其自己之目的，并聚集其自己行为之材料。当其此等追求达于极端之时，其知识与其意志求其自己，与共相分离之狭隘的自己，当此之时，人即是恶；其恶即在其是主观的。（海格尔《论理学》第57页）

在此世界之中，人与人之间，人与天然之间，有限与无限之间，总之精神与精神之间，有许多分别冲突。此似可悲而实不可悲。盖人必须"堕落"，以复返于原来状况；原来调和，必须失去，庶可复得。

第五节 伪与恶

绝对精神之入时空而为历史与天然世界,亦可谓系其自己与其自己之游戏。"上帝及神圣的智慧之生活,可以爱之游戏称之;但若无负的工作,无认真之意,无苦受,无忍耐,则此观念亦执板而且无意味矣。"(海格尔《心之现象学》第17页)在其自己之发展变化中,"绝对精神创造诸时期而经过之;此活动之全体,构成其真正的内容及其真理。所以此活动中,亦包含有负的分子";此负的分子,若将其自全体活动中抽出而分别单独观之,"则亦可称为伪"(同上书第43至44页)。然一切分子,一切时期,合而为绝对精神活动之全体,故不能与之分离。且亦唯在活动全体中,方有意义。常分别执着诸分子而单独观之者,吾人之理解(understanding)也。吾人之思想,亦有种种阶级,当其在理解阶级之时,即执着全体之一方面,而认为固定的,真的,与他方面,划然分离。(海格尔《论理学》第143页,又《心之现象学》第790页)理解以为此诸方面,真即是真,伪即是伪,好即是好,恶即是恶,而不知在精神活动之全体程序中,即负的分子,亦有正的意义也。"为反对此种见解,吾人必须指明,真理非如造币厂中所铸成随时可用之钱币。且伪亦无有,正如恶之无有。"(同上书第36页)在精神活动之全体程序中,不但伪与恶无有,即所谓真与好亦非一成不变;唯此全体程序,乃可称为真耳。在此程序中,负的分子,亦有正的意义;故自全体之观点视之,"恶与好目的相同。恶与好相同,则恶亦非恶,好亦非好;此二者实皆已消泯矣"(同上书第789页)。吾人对于此世界中诸恶,皆可作如是观。

第六节 文化之目的

人类之文化,即所以恢复人所已失之统一。此统一之所以失者,非由于神或人之错误;盖必失之,乃始可以复得之也。精神入空间而为客观的世界，以与其主观的自己相对峙；然精神非即安于此对峙也。精神见本无此对峙，故特设而取消之，以明示其无耳。（海格尔《论理学》第363页）

为达此目的，理性（即精神）有两种活动：理论的，实践的。在其理论的活动中，理性观察外界而译之为其自己之概念的思想。在此观念中，理性见在外界中，"凡应该是者，实际上即亦是；凡只是应该是而实际上不是者，即无实的真理"（海格尔《心之现象学》第242页）。此种活动所生，即近代科学。

在其理论的活动中，理性只观察外界。在其实践的活动中，理性则欲自身有所实现。在其理论的活动中，理性以客观的世界为真实。理性有其自己之所信，以之说明世界；换言之，即以其自己之所信为形式，而以世界为其内容（海格尔《论理学》第363页）。在其实践的活动中，理性视客观的世界为仅只虚形，变化不定。在此活动中，理性以其主观之内的性质，改化外界，而视此主观为真正的客观（同上书第363页）。理性于此即现为意志。外界所已存在之客观，理性皆以之为实现意志之具〔海格尔《心之哲学》（*Philosophy of Mind*）英译本第240页〕。此种活动所生，即是国家、社会、道德等。

在理论的活动中，理性求真；在实践的活动中，理性求好。此诸活动中，有诸多阶级与时期。"此行程之长，精神必须忍受，因每时期皆是必要的。""世界精神（Weltgeist）必有忍耐，以在长时间内。经过此诸形式，做世界历史之奇多的工作。在此历史中，在每一形式内，精神即现其全体内容，其所现皆可捉摸。盖此笼罩一切之心，欲使其自己自觉其是什么，除此之外，更无别法也。"（海格尔《心之现象学》第28页）

第七节　绝对的知识

但在上述诸阶级中，理性皆只在有限的形式之内，其活动皆以主观客观之对峙为起点。在其理论的活动中，理性以客观世界为本来存在，以能知的主体为本来如一空洞的素纸。"理性在此是活动的，但此乃在理解形式中之理性。故其知之所到，仅是有限的真理；无限的真理（概念 notion）则独在另一世界之内，成一不可及之目标"（海格尔《论理学》第364页）。在其实践的活动中，理性欲"将其眼前之世界，改入与其所定目的相合之形式"（同上书第371页）。理性以为客观的世界，与好无关（同上），故欲使好实现，如此则理性又必须有无穷的工作以求无穷的进步，如飞喜推所说者矣。

但至理论的理性与实践的理性相合之时，此客观与主观之对峙，本来即无有者，乃显然无有。于时理性即知其主观的目的非仅是主观的，而客观的世界亦不过其自己之真理与实质而已（海格尔《论理学》第372页）。绝对精神于是返其自我；其知识亦即是绝对的知识。"他予其完全的真的内容以自我之形式。"（海格尔《心之现象学》第811页）他已自觉其为自我。"他是'我'，独一的具体的'我'，且同时是经过变化之大'我'，其性如是。"（同上）然绝对精神并不止于此。绝对精神于此即又入一存在之新时代，立一新世界，恰似以前经过，并未予以教训。然绝对精神之暗中记忆（recollection），已保留以前所有之经验；故此新时代之开始，即已在于一较高的线上矣。（同上书第822页）

第八节　余论

唯其如此，故绝对精神之活动无止境；其活动亦只欲自觉其所已有者，并无以外的其他目的。"世界之最终目的，已竟完成，正如其永远方在完成。"（海格尔《论理学》第373页）一切工作之兴趣，正即在其全体活动之中。（同上书第375页）但活动虽无止境，而却未尝无一最好境界，如一最后的完成焉。此即所谓理论的理性与实践的理性之相合，所谓"合内外之道"者也。个人至此境界，有绝对的知识，即觉"我"即宇宙。个人之觉"我"即宇宙，即绝对精神之自觉为"我"。

第十二章

一个新人生论（上）

第一节　实用主义的观点与新实在论的观点

以上略述哲学史上人生论之诸主要派别已竟。以上所述诸哲学家，多有"见"于宇宙之一方面，遂引申之为一哲学系统，故有所"见"，亦有所"蔽"。近世科学大昌，以纯理智的态度、精密的方法，对于宇宙诸方面，皆有解释叙述。虽科学现亦方在进步之中，或将来亦永在进步之中，其所说诚未即是最后的真理；即以上所述诸哲学之宇宙论，其中多有与科学不合者，吾人亦未敢即断其为绝对的非真；不过就吾人现在之所知，科学所说之是真之可能较大；此则现在多数人之所公认者也。

人所以有不愿承受科学所说诸道理者，以科学所说之宇宙，是唯物论的（至少亦是非唯心论的）、机械论的，而吾人所愿有者，乃与吾人理想相合之宇宙也。与吾人理想相合之宇宙，依至好的原理而进行；在其中吾人之精神可以不死，意志可以自由，一切有价值之事物，皆可有相当的保障而永久存在。凡此皆吾人所最希望者，但科学皆以威廉·詹姆士所谓"不过"（nothing but）二字解释之。精神"不过"是物质活动之现象；自由"不过"是人心之幻觉；即吾人所颂美赞叹之人物事功，亦"不过"是遗传及环境所造成，处于被动的地位。总之科学以其非唯心论的、机械论的观点，常以吾人所视为"低"者，解释吾人所视为"高"者（参看詹姆士 Some Problems in Philosophy 第 36 页），其所说之宇宙，不能使吾人觉如自己之家乡。此所以近世仍有宗教及所谓宗教的哲学，主张上帝存在，灵魂不死，意志自由。此所以在西洋近代哲学史中，所谓调和宗教科学，乃成为一重要问题。近来中国思想界中所谓科学与玄学之争，实亦即科学与宗教的哲学之争也。

詹姆士所谓"硬心的"（tough-minded）哲学家，对此问题，不甚理会；其所谓"软心的"（tender-minded）哲学家，则颇认此为重要问题。就近代哲学史，及现代哲学界之情形观之，对此问题约有二种解决之法，二种说法：一实用主义（广义的）的说法，谓科学所能知，不过世界之一方面；科学不过人之理智之产物，而宇宙有多方面；人所用以接近宇宙之本体者，除理智外固有别种官能也。如康德、海格尔、詹姆士、柏格森，皆用此方法，以缩小科学所能知之范围，而另以所谓道德的意识，及直觉，为能直接接近宇宙本体之官能。一新实在论的说法；此种说法完全承认科学之观点及其研究之所得，但同时亦承认吾人所认为"高"者之地位，不以"不过"二字取消之。如斯宾诺莎及现代所谓新实在论者，皆持此说法者也。

本书中所谓益道诸哲学之观点，大约皆与科学相近；所谓损道诸哲学之观点，大约皆与宗教相近；所以后者常亦是普通所谓"宗教的哲学"也。哲学多有所"蔽"；本书中所谓中道诸哲学，其"蔽"似较少。今依所谓中道诸哲学之观点，旁采实用主义及新实在论之见解，杂以己意，糅为一篇，即以之为吾人所认为较对之人生论焉。

第二节　宇宙及人在其中之地位

宇宙者，一切事物之总名也。此所谓事（events）及物（things），皆依其字之最广义。如树枝、虫蚁、微尘，皆物也；人亦物也。如树枝之动摇、微尘之飞荡、虫蚁之斗争，皆事也；人之动作云为，亦事也。自无始以来，即有物有事；合此"往古来今""上下四方"之一切事物，总而言之，名曰宇宙。人乃宇宙中之一种物，人生乃宇宙中之一种事。庄子云："号物之数谓之万，人处一焉……此其比万物也，不似毫末之在于马体乎？五帝之所连，三王之所争，仁人之所忧，任士之所劳，尽此矣。"（《庄子·秋水》）此人在宇宙中之地位也。

关于所谓物之本体，哲学家颇有争论。吾人所逐日接触之诸物，果皆如吾人所感觉者乎？抑吾人所感觉者，不过现象，其下仍另有真的本体乎？唯心论者以为一切存在者，姑无论其现象如何，其本体皆是心理学所研究之心。唯物论者以为一切存在者，姑无论其现象如何，其本体皆是物理学所研究之物。此外又有现象论者，以为吾人所感觉之现象即真，其下并无别种本体。（《罗素月刊》第一号《哲学问题》第6页）罗素依此不另立本体之观点，又本于现代物理学研究之所得，立所谓"中立的一元论"。依此论所说，则宇宙中最后的原料，不能谓为物，亦不能谓为心，而只是世界之事情。（同上书第一号《哲学问题》第12页）相似的事情连合为复杂的组织，即成吾人平常所谓物。（同上书第三号《哲学问题》第45页）"现在这里有个地球是一件事情；等一刻又有一个同现在的地球差不多的东西，又是一件事情；等一刻又是一件事情，因为这些事情和他先后差不多的事情很相像，所以我们不改名字，还老叫他做地球。是所谓地球者，就是这些事情的串名。"（同上书第三号《物的分析》59页）地球如此，诸物皆然。譬如"桌子是种种事情合在一起成功的"，"譬如'谐乐'（symphony）合奏的时候，实在是许多音乐的本位连成的，听去却如一直下去的样子。桌子也是如此，是常变的，不过也如'谐乐'之有节调，有他的定律与条理罢了。我们在桌子上一打，其所发的声音，这一边与那一边不同；这种种连合起来，成为桌子。不过定要用论理学的方法连合起来，正如'谐乐'把音乐的本位用艺术方法连合起来一样。听去虽是很长的一篇，其实都是极简单的元素连合成的"（同上书第一号《哲学问题》第29至30页）。"什么叫做人呢？就是各时间不同的经验合组起来，便算是个人。"（同上书第三号《哲学问题》第45页）人亦是一串或一组之事情。此谓凡物（兼人而言）皆即是事情，即是一串或一组之事情所合成，而旧的说法，则以物（例如桌子）为实有而为发生事情之原因。（同上书第一号《哲学问题》第28页）然就别一方面观之，则旧的说法，即常识之说法，亦未为不对。盖桌子虽为一组事情所合成，而既有此特别一组事情，依其定律与条理而连合，吾人亦何妨认之为实有（详下文），而以事情为其事情。如"桌子被人看"之一事，固为组成桌子之一串事情中之一事，然桌子之存在，既不专赖于此一事，换言之，亦即有此事之前，已有桌子，故即以此事为桌子之事可也。又如"人看桌子"之一事，亦固为组成人之一串事情中之一事，然人之存在，亦既不专赖于此一事，换言之，亦即有此事之前，即有此人，故即以此事为此人之事可也。故吾人一方面承认罗素之中立的一元论，一方面仍依常识，谓有所谓物者之存在。

唯诸物皆是诸事情所合组而成，故诸物常在变化之中。粥熊曰："运转亡已，天地密移，畴觉之哉？故物损于彼者盈于此；成于此者亏于彼。损盈成亏，随生随死，往来相接，间不可省，畴觉之哉？凡一气不顿进，一形不顿亏；亦不觉其成，亦不觉其亏。亦如人自生至老，貌色智态，亡日不异。皮肤爪发，随生随落，非婴孩时有停而不易也，间不可觉，俟至后知。"（《列子·天瑞》）故庄子有舟壑之喻（见本书第二章第七节），孔子有逝水之叹。中国之道家儒家，皆有见于宇宙之变者也。

宇宙无始亦无终。盖宇宙乃万有之全体，故为无限的（infinite）；有限者（the finite）能有始终；无限者不能有始终也。如地球是有限的物，可有始终。普通所谓世界之始，实不过地球之始；所谓世界末日，实不过地球之终。然所谓地球之始，不过他物变为地球（即他一组事情变为此一组事情）。所谓地球之终，不过地球变为他物（即此一组事情变为他一组事情）。此所谓"损于彼者盈于此，成于此者亏于彼"也。宇宙间诸事物，固皆变动不居，瞬息不停。地球之变化，不过宇宙间变化之一部分耳。然诸事物变化自变化，宇宙之为宇宙，固自若也。如一军队然，一兵虽死，其军队之为军队如故。然此喻犹有不切；盖一兵既死，其军队固存，而此兵之自身，则已不能复为此军队之一分子矣。若宇宙间之物，虽复万变，而终不能不为宇宙之分子。盖灭于此者生于彼，此成彼毁，若此者

"万化而未始有极也"。故宇宙者，庄子所谓"物之所不得遁"（《庄子·大宗师》）者也。既为"物之所不得遁"，故宇宙无终。

宇宙诸事物常在变化之中；但此变化非必是进化（生物学中之演化论，谓天演竞争，适者生存，颇有人即以此之故，谓宇宙诸物，日在进步之中。中国近译演化为进化，愈滋误会。其实所谓演化，如所谓革命，乃指一种程序，其所生结果，为进步亦可为退步，本不定也。且所谓适者，乃适于环境。然适于环境者未必即真好；不适于环境者未必即真不好。所谓《阳春》《白雪》，在庸俗耳中，不能与下里巴人之曲争胜；然吾人不能因此即谓后者之果真优于前者。故吾人即以人的标准批评宇宙诸物之变动，亦未见有何证据能使吾人决其变动之必为进步的也）。有哲学家以为宇宙程序日在进步之中，其运动乃所谓"向上的运动"（onward movement）。但所谓上、下、进、退，必有标准。若无标准，果何为上，何为下，何为进，何为退耶？在人的世界中，吾人依自己的意欲，定为价值之标准。凡合乎此标准者为好，向好一方面之运动为向上的运动，为进步；反是则为不好，为退步。故在人的世界中，有进步与退步之可言。若天然世界，本非为人而有，其变动本与人之意欲无干，故亦本无进步退步也。庄子曰："今大冶铸金；金踊跃曰：'我且必为镆铘。'大冶必以为不祥之金。今一犯人之形，而曰：'人耳，人耳。'夫造化者必以为不祥之人。"（《庄子·大宗师》）人若不但曰"人耳人耳"，且欲以其自己之标准，衡量宇宙；宇宙有知，必更以为唐突矣。

宇宙间诸物，既皆是一组事情所合成，故皆可谓为幻。盖一切物皆可分化为所以构成此物者。即依常识言，一房室可分化为砖瓦木料等；依科学言，砖瓦木料又可分化为化学的原质；化学的原质又可再分化为原子；原子又可再分化为电子。每经一分化，则原来之物，即不存在。凡物皆然，所以凡物皆可谓为幻也。佛教令人观察诸物虚妄，即吾人身体，亦系四大和合而成。盖自一方面观察，宇宙间诸物，确是虚幻也。但自别一方面言，则一切物，确皆有自性，皆是真实。盖一物既是一串相似的事情；此相似之点，即是此物之所以为此物而以别于他物者。一物固可分为部分，化为原质，然其部分原质之自身，则不能即为此物也。

如依常识说，房室为砖瓦木料等所构成，但房室自有其所以为房室，所以别于他物者，非即砖瓦木料等；不然，则吾人亦可以砖瓦木料为房室矣。如依化学说，水为氢氧气所化合而成，但水自有其所以为水，所以别于他物者；不然，则吾人亦可以氢氧气为水矣。又如"谐乐"虽为诸音乐的本位所构成，然"谐乐"自有其所以为"谐乐"；不然，则吾人亦可以此"谐乐"为彼"谐乐"，以音乐的本位为"谐乐"矣。一物之所以为一物，而以别于他物者，即此一物之自性，要素（essence），及逻辑中所说之常德（property）；此物固可使变为他物，然不能因此即谓其为虚幻也。故一物是什么即是什么，其自性只与其自己相同。逻辑中有自同律，A=A者；盖吾人思及一物之自身时，固不能不如是想也。

凡物如此，宇宙亦然。宇宙本为一切事物之总名，当然可分化为所以构成宇宙之诸事物。由斯而言，则所谓宇宙者，不过一无实之名而已。然自别一方面言，则宇宙又必有其所以为宇宙而以别于他物者。由此方面观察，则宇宙间诸事物虽万变，而宇宙之为宇宙自若。犹之长江之水，滔滔东逝，迄不暂停，所谓"逝者如斯，不舍昼夜"，而长江之为长江自若。犹之亚力士多德所说，苏格拉底，自少至老，有许多变化；而苏格拉底之主体，固自若也。（亚力士多德《后物理学》第983页）盖一物内之部分，虽常在变化之中，而其全体固可谓为不变而有"自同"（self-identity）。唯宇宙间诸有限的事物，其自同的全体之存在，亦不永久。如苏格拉底已有死时，即长江黄河，吾人亦可设想其有不存在之时。独宇宙既无始无终，所以其间诸事物，虽常在生灭变化之中，而宇宙，就其全体而言，乃不变而永存；此不变永存的宇宙，即斯宾诺莎所说之上帝也。

由此而言，则哲学上普通所谓物，固自有其所以为物者；所谓心，亦固自有其所以为心者。物自是物，心自是心；宇宙之中，此二者俱系实有。故斯宾诺莎以为思想（心）与延积（extension，物）俱是上帝之性质也。

庄子云："物固有所然，物固有所可。无物不然，无物不可。"（《庄子·齐物论》）凡物事皆有所然。然者，"是"也。无论何事物，苟以之为主词，皆可于其后加一客词，而以"是"联之，使成为一肯定的命题。

所以谓凡事物皆有所然也。此其所然，谓之实然。吾人观察诸事物之实然，而又见其同然。相同的事情，必依相同的秩序，发生于相同的条件之下；此秩序与条件即是所谓常轨。一物有一物之所以别于他物者；一类之物又有其共同之点，为其类之所以别于他类者；此一类所共有之性质，即是所谓共相。常轨与共相，即柏拉图所说之概念，亚力士多德所说之形式也。具体的个体的事物常在变中，而概念不变。具体的个体的事物，可谓感觉之对象，而概念则只可为思想之对象。此柏拉图所说，本不为错，不过不必以概念独为"醒的真实"，而具体的事物皆为如梦的影而已。

第三节　人生之真相及人生之目的

　　人生即人之一切动作云为之总名。陈独秀云："人生之真相，果何如乎？此哲学上之大问题也。欲解决此问题，似尚非今世人智之所能。"（《独秀文存》卷一第20页）然依吾人之观点，此问题实不成问题。凡见一事物而问其真相者，其人必系局外人，不知其事物中之内幕。报馆访员常探听政局之真相；一般公众亦常探听政局之真相；此系当然的，盖他们皆非政局之当局者。至于政局之当局者则不必探听政局之真相。盖政局之真相即他们之举措设施，他们从来即知之极详，更不必探听，亦更无从探听。人之于人生亦复如是。盖人生即人之生活之总名，人生之当局者即人，吾人之生活即人生也。吾人之动作云为，举措设施，一切皆是人生。故"吃饭""生小孩""招呼朋友"，以及一切享乐受苦，皆人生也。即问人生，讲人生，亦即人生也。除此之外，更不必别求人生之真相，亦更无从别求人生之真相。若于此实际的具体的人生之外，别求人生真相，则真宋儒所谓骑驴觅驴者矣。

　　有人于此答案或不满意。有人或说："即假定人生之真相即是具体的人生，但吾人仍欲知为何有此人生。"实际上人问："人生之真相，果何如乎"之时，其所欲知者，实即"为何有此人生"。他们非不知人生之真相，他们实欲解释人生之真相。他们非不知人生之"如何"——是什么；他们实欲知人生之"为何"——为什么。

吾人如欲知人之何所为而生，须先知宇宙间何所为而有人类。依吾人所知，宇宙间诸事物，皆系因缘凑合，自然而有，本非有所为。故宇宙间之所以有人，亦系因缘凑合，自然而有耳。人类之生，既无所为，则人生亦当然无所为矣。凡人之举动云为，有有所为而为者，如吃药、革命等；有无所为而为者，如普通之哭、笑等。然即有所为之举动云为，皆所以使人生可能或好；至于人生，则不能谓其为有所为也。吾人不能谓人生有何目的，正如吾人不能谓山有何目的，雨有何目的。目的及手段，乃人为界中之用语，固不能用之于天然界也。天然界及其中之事物，吾人只能说其是什么，而不能说其为什么。目的论的哲学家谓天然事物皆有目的。如亚力士多德说：天之生植物，乃为畜牲预备食物；其生畜牲，乃为人预备食物或器具。（看本书第九章第四节）齐田氏谓：天之殖五谷，生鱼鸟，乃所以为民用。（看本书第五章第一节）不过吾人对于此等说法，甚为怀疑。有嘲笑目的论哲学者说：如果任何事物都有目的，则人之所以生鼻，亦可谓系所以架眼镜矣。目的论的说法，实尚有待于证明也。

况即令吾人采用目的论的说法，吾人亦不能得甚大帮助。即令吾人随飞喜推而谓人生之目的在于"自我实现"，随柏格森而谓人生之目的在于"创化"，但人仍可问：人果何所为而要实现，要创化耶？对于此问题，吾人亦只可答：人之本性自然如此，非有所为也。此似尚不如即说，人之本性，自然要生，非有所为；人生之目的即是生而已。惟人生之目的即是生，所以平常能遂其生之人，都不问为何要生。庄子云："夔谓蚿曰：'吾以一足趻踔而行，予无如矣，今子之使万足独奈何？'蚿曰：'不然，子不见夫唾者乎？喷则大者如珠，小者如雾，杂而下者，不可胜数也。今予动吾天机，而不知其所以然。'蚿谓蛇曰：'吾以众足行，而不及子之无足，何也？'蛇曰：'夫天机之所动，何可易也？吾安用足哉？'"（《庄子·秋水》）"动吾天机，而不知其所以然"，正是普通一般人之生活方法。一般人皆不问人生之何所为而自然而然的生。其所以如此，正因其生之目的即是生故耳。

诸种因缘凑合，有某种物质的根据，在某种情形之下，人自然而生，不得不生，非有何生以外之目的也。有人以为吾人若寻不出人生之目的，则人生即无价值，无意义，即不值得生。若有人真觉如此，吾人徒恃言说，亦不能使之改其见解。佛教之无生的人生方法，只从理论上，吾人亦不能证明其为错误。若有对于人生有所失意之人如情场失意之痴情人之类，遁入空门，借以作人生之下场地步；或有清高孤洁之士，真以人生为污秽，而思于佛教中否定之；吾人对此等人，亦唯有抱同情与敬意而已。即使将来世界之人，果如梁漱溟先生所逆料，皆真皈依佛教，吾人亦不能谓其所行为不对。不过依吾人之见，此种无生的人生方法，非多数人之所能行。所以世上尽有许多人说人生无意义，而终依然的生。有许多和尚居士，亦均"无酒学佛，有酒学仙"。印度文化发源地之印度，仍人口众多，至今不绝。所以此无生的人生方法，固亦是人生方法之一种，但非多数人之所能行耳。

第四节　欲与好

凡人皆有欲。欲之中有系天然的，或曰本能的，与生俱来，自然而然，如所谓"饮食男女，人之大欲存焉"，此等欲即天然的欲也。欲之中又有系人为的，或曰习惯的，如吸烟饮酒，皆得自习惯；此等欲即人为的欲也。凡欲之发作，人必先觉有一种不快不安之感，此不快不安之感，唤起动作。此动作，若非有特别原因，必达其目的而后止，否则不能去不快之感而有快感。此动作之目的，即动作完成时之结果，即是所欲，即欲之对象也。当吾人觉不快而有活动时，对于所欲，非必常有意识，非必知其所欲。如婴儿觉不快而哭入母怀，得乳即不哭，食毕即笑。当其觉不快而哭时，对于其所欲之乳非必有意识也。所谓本能或冲动，皆系无意识的；皆求实现，而不知何为所实现者，亦不知有所实现者；皆系一种要求，而不知何为所要求者，亦不知有所要求者。若要求而含有知识分子，不但要求而且对于所要求者，有相当的知识，则此即所谓欲望。冲动与欲望，虽有此不同，而实为一类。今统而名之曰欲。人皆有欲，皆求满足其欲。种种活动，皆由此起。

近来国中颇有人说，情感是吾人活动之原动力。然依现在心理学所说，情感乃本能发动时所附带之心理情形。"我们最好视情感为心理活动所附带之'调'（tone）而非心的历程（mental process）"（A.G. Tansley: *The New Psychology* 第一版第36页）。情感与活动固有连带之关系，然情感之强弱，乃活动力之强弱之指数（index）（同上书第63页），而非其原因也。

凡欲必有所欲，欲之对象，已如上述。此所欲即是所谓好；与好相反者，即所谓不好。所欲是活动之目的，所欲是好。柏拉图及亚力士多德皆以好是欲或爱之对象，能引起动而自身不动；活动即所以得可爱的好；"凡爱好者，皆欲得之"（看本书第三章第六节、第九章第三节）。此二大哲学家盖皆有见于人生而为此说，又即以之解释宇宙全体。以此解释宇宙全体，诚未见其对；若只以之说人生，则颇与吾人之意见相合也。

哲学家中，有谓好只是主观的者。依此所说，本来天然界中，本无所谓好与不好；但以人之有欲，诸事物之中，有为人所欲有者，有为人所欲去者；于是宇宙中即有所谓好与不好之区分，于是即有所谓价值。如生之与死，少之与老，本皆人身体变化之天然程序，但以人有好恶，故生及少为好，死及老为不好。又在中国言语中，人有所欲，即为有所好。此动词与名词或形容词之好为一字。人有所不欲，即为有所恶。此动词亦即与名词或形容词之恶为一字。如云："如恶恶臭，如好好色。"由此亦或可见中国人固早认（或者无意识的）好恶（名词或形容词）与好恶（动词）为有密切的关系矣。但哲学家中，亦有谓好为有客观的存在者。依此所说，好的事物中，必有特别的性质，为非好的事物所无有者；若非然者，此二者将无别矣。此特别的性质，即是好也。依吾人之见，好不好之有待于吾人之欲，正如冷热之有待于吾人之感觉。故谓其为主观的，亦未为错。但使吾人觉好之事物，诚必有其特别性质，正如使吾人觉热之物之必有其特别性质。此等特别性质，苟不遇人之欲及感觉，诚亦不可即谓之好或热，但一遇人之欲或感觉，则人必觉其为好或热。宇宙间可以无人，但如一有人，则必以此等性质为好或热。故此等性质，至少亦可谓为可能的好或热也。若以此而谓好为有客观存在，吾人固承认之；若对于所谓好之客观的存在，尚有别种解释，则非吾人所能知矣。至于柏拉图所谓好之概念，则系一切好之共相，为思想之对象。当与别种概念，一例视之。

第五节　天道与人道

问：若所欲皆是好，则好岂非极多耶？欲之对象既即是好，则岂不一切欲皆好耶？答：是固然也。宇宙为一切事物之总名，宇宙之事物，皆自然如此，或必然如此，要之是如此而已。吾人不能谓其是如此为对，亦不能谓其是如此为不对。神秘哲学家多谓宇宙中一切皆对。如赫拉颉利图斯（Heraclitus）云："自上帝观之，一切物皆是美的，好的，对的；但人则以为有物对，有物不对。"又诗人彭伯（Pope）云："凡存在者皆对（Whatever is, is right）。"盖宇宙间之事物，既不能谓为不对，则从别一方面说，亦固可谓为对也。

问：在实际的人生中，吾人竟以有些好及有些欲为不好；如历史上所说桀纣之穷奢极欲，张献忠、李自成之穷凶极恶，亦无非欲满其欲而求其好耳；吾人何为竟非之耶？答：吾人所以以有些好及有些欲或有些人之好及欲为不好者，乃因其与别好别欲，或别人之好及欲有冲突，非其本身有何不好也。好与好之矛盾，欲与欲之冲突，乃人生之不幸；多数苦痛悲剧，皆由斯起。若使人生中无此矛盾冲突；若使一人之诸欲可同时实现，不相冲突，如所谓"腰缠十万贯，骑鹤上扬州"者；若使人与人间之欲，皆如男女间之欲，此之所施于彼，正彼之所求于此（男女间诸欲亦非尽如此，不过有些如此而已）；若果如此，则人生即极美满，所有一切问题，皆无自发生。庄子云："鱼相忘于江湖，人相忘于道术。"击壤之民，"不识天工，安知帝力"，盖忘之也。若使实际人生，果极美满，则于其中人不但生，且亦应忘生。今人不但未忘生，且批评人生，研究人生，解决人生，正因人生之不幸也。

唯因好与好之间常有矛盾，欲与欲之间常有冲突，所以一切欲皆得满足，恐系此世界中不可能之事。所以如要个人人格不致分裂，社会统一能以维持，则吾人之满足欲，必有其道；此道即所谓"当然之道"，所谓"人道"也。章实斋云："道无为而自然，圣人有所见而不得不然。"（《文史通义·原道（上）》）"无为而自然"者，乃所谓天道；"不得不然"者，乃人道也。凡所谓当然，皆对于一目的而言，如人欲健康，则应当饮食有节；人欲扩充权力，则应扩充知识。健康权力为目的，饮食有节及扩充知识乃所以达此目的之道。如欲达此目的，则必遵此道；故此道为不得不然之道，当然之道也。至若天然界中，本无目的，故"无为而自然"者，乃天道也。

吾人对天道，不能不遵，对于人道，则可以不遵；此天道与人道大不同之处也。例如在此世界上，一物若不为他物所支持，必落于地上；此吾人所不能不遵者也。今所谓科学之征服天然，皆顺天然之道而利用之，非能违反天然法则也。至于当然之道则不然，盖当然之道，皆对于一目的而言，若不欲此目的，则自可不遵此道。如杨朱者流，本不欲长寿，故亦不守求健康之法则；依中国人旧见解，本不欲权力，故亦无需知识也［此意于拙著《中国为何无科学》（"Why China Has No Science, Etc."）一文中曾言之。原文见1922年4月份《国际伦理学杂志》（The International Journal of Ethics, Vol. XXXII, No.3）］。

现在之科学，普通分为二类：曰叙述的科学，曰规范的科学。叙述的科学叙述天然事物之实然，其所求乃天道，或曰天然法则（law of nature）；规范的科学指出关于人事之当然，其所求乃人道，或曰规范法则（law of norm）。天然事物本有其实然，其实然自是客观的，不随人之主观而变更。故天然法则是客观的。规范法则是"不得不然"之道；吾人可不欲达某目的，但如欲达某目的，则非遵某或某某之法则，或用某或某某之办法不可。吾人可不欲思想正确，但如欲思想正确，则必不能不遵逻辑上诸法则；吾人可不欲社会和平，但如欲社会和平，则必不可不有道德制度（至于何种道德制度，乃另一问题，详下文）。故规范法则亦是客观的，不随人之主观而变更。

所谓不随人之主观而变更者，非谓其绝不变更也。就人事方面言，在某种环境，某种情形之下，若欲达某目的，则必依某或某某法则，用某或某某办法，此即所谓"至当不易之道"也。至若环境已改，情形已变，则所以达某目的之道，当然亦随之而异。例如下棋，在某种局势之下，如欲得胜或救亡，则必用某或某某着，此亦所谓至当不易之道，不能随便以人意变更者；但若局势不同，则得胜或救亡之法亦异。然其法虽异，其为"势必出此"则同，亦是不能随便以人意变更者也。

但此乃就诸法则之自身而言。假使果有全智万能的神，则自神的观点视之，此诸法则之果为何，当然一目了然，更无余蕴。但自吾人之人的观点（human point of view）视之，则此诸法则之果为何，正未易知。吾人必用种种方法，以发现之。实用主义之真理论（theory of truth）等，皆自人的观点，自发现之方法（method of discovery）言之。明于此点，则实用主义可与新实在论并行不悖。吾人既非神而只是人，故不能离人的观点，故必须注重发现之方法也。

所以发现诸法则者，理性也。自人的观点言之，凡吾人之经验皆真，正如凡吾人所欲者皆好。但以诸经验之冲突矛盾，正如诸欲之冲突矛盾，故须有理性之调和。自人的观点言之，凡能调和诸经验之假设，吾人即认为真而以之为天道之实然；凡能调和诸欲之办法，吾人即认为好而以之为人道之当然。盖在此世界中，吾人固无别种方法以发现天然人事诸法则之自身之果如何也。

故理性者，"调和的，统治的力也。"（Russell: *Mysticism and Logic* 第 13 页）戴东原云："人与物同有欲；欲也者，性之事也。人与物同有觉；觉也者，性之能也。欲不失之私则仁；觉不失之蔽则智。"（《原善》卷上）所谓私者，即专满足一欲或一人之欲，而不顾他欲或他人之欲也。所谓蔽者，即专信任一经验或一人之经验而不顾他经验或他人之经验也。理性即所以调和诸欲而去其私，调和诸觉而去其蔽也。

第六节　中和及通

自人的观点言之，吾人之经验，就其本身而言，皆不能谓为不真，盖吾人之经验，乃吾人一切知识之根据，除此之外，吾人更无从得知识也。譬如我现在广州，夜中梦在北平；此梦中所有之经验，与我醒时所有之经验，就其本身而言，固皆不能谓为不真。吾人所以知梦中之经验之非真者，非因其本身有何不可靠之处，乃因其与许多别的经验相矛盾也。如在北平之经验，与许多别的经验皆相合一致，而在广州之经验则否，则吾人必以吾人现真在北平，而以在广州之经验为梦中所有者矣。故凡经验皆非不真，正如凡所欲皆非不好；其中所以有不真不好者，盖因其间有冲突也。经验与经验之间，欲与欲之间，有冲突之时，吾人果将以何者为真，何者为好耶？解答此问题，乃吾人理性之职务也。

杜威先生谓吾人思想之历程，凡有五级：一曰感觉疑难，二曰指定问题，三曰拟设解答，四曰引申拟设解答之涵义，五曰实地证实。（见《思维术》第六章）譬如一人戴红色眼镜而睡，及醒，忘其眼上有红色眼镜，但见满屋皆红，以为失火，急奔而出，则人皆安静如常，于是颇觉诧异，此即感觉疑难也。于是而问果否失火，若非失火，何遍处皆红？此即指定问题也。继悟或者自己戴有红色眼镜，此即拟设解答也。继思若外界之红果由于自己之眼镜，则除去眼镜，外界必可改观，此即引申解答涵义也。继用手摸，果有眼镜，除而去之，外界果然改观，此即实地证实也。在此简单事例中，此诸程序经过甚快，或为吾人所不注意，然实有此诸程序也。于是此人乃定以为其所以见遍处皆红者，乃由于戴红色眼镜也。依此说法，则前之矛盾的经验，乃皆得相当的解释而归于调和矣。凡疑难皆起于冲突，或经验与经验之冲突，或经验与已成立之道理之冲突，或欲与欲之冲突，或欲与环境之冲突。凡有冲突，必须解决；解决冲突者，理性之事也。理性之解决冲突，必立一说法或办法以调和之。理性调和于矛盾的经验（疑难问题）之间而立一说法（拟设解答）；以为依此说法，则诸矛盾的经验，当皆得相当解释（引申涵义）；试用之以解释，果能使昔之矛盾者，今皆不矛盾（实地实验），于是此说法即为真理，为"通义"。此真理之特点，即在其能得通。理性又调和于相矛盾的欲（疑难问题）之间，而立一办法（拟设解答）；以为依此办法，则诸相矛盾之欲，或其中之可能的最大多数，皆得满足（引申涵义）；推而行之，果如所期（实地实验）；于是此办法即为"通义"，为"达道"。此达道之特点，即在其能得和。戴东原云："君子之教也，以天下之大共，正人之所自为。"（《原善》卷上）"人之所自为"，性也，欲也；"天下之大共"，和也。

故道德上之"和"，正如知识上之"通"。科学上一道理，若所能解释之经验愈多，则其是真（即真是天道之实然）之可能愈大；社会上政治上一种制度，若所能满足之欲愈多，则其是好（即真是人道之当然）之可能亦愈大。譬如现在我们皆承认地是圆而否认地是方。所以者何？正因有许多地圆说所能解释之经验，地方说不能解释；而地方说所能解释之经验，地圆说无不能解释者。地圆说是真之可能较大，正因其所得之"通"较大。又譬如现在我们皆以社会主义的社会制度，比资本主义的社会制度为较优。所以者何？正因有许多社会主义的社会制度所能满足之欲，资本主义的社会制度不能满足，而资本主义的社会制度所能满足之欲，社会主义的社会制度多能满足。社会主义的社会制度较优，正因其所得之"和"较大。故一学说或一制度之是真或好之可能之大小，全视其所得之和或通之大小而定。自人的观点言之，此判定学说制度之真伪好坏之具体的标准也。

故吾人满足一欲，必适可而止，止于相当程度；过此程度，则与他欲或他人之欲相冲突，而有害于和。此相当程度，即所谓"中"。依上所说，凡欲皆本来应使其极端满足，但因诸欲互相冲突之故，不能不予以相当的制裁。此制裁必须为必要的；若非必要，则徒妨碍吾人之得好而为恶矣。合乎中之制裁，即必要的制裁也。吾人之满足欲，若超乎此必要的制裁，则为太过。若于必要的制裁之外，更抑制欲，则即为不及。不过此所谓中之果为何，自人的观点言之，仍不易知，仍有待于理性之发现。

第七节　人性与道德制度及风俗习惯

哲学家中，常有以"人心""道心""人欲""天理"对言者；性善性恶，亦为中国数千年来学者所聚讼之一大公案。依上所说之意，凡欲皆好，则人性亦自本来是善，或亦可说，欲本是天然的事物，只是如此如此，正如山及水之如此如此，本无所谓善恶，或亦只可谓为可能的善或恶。但人因欲之冲突而求和；所求之和，又不能尽包诸欲；于是被包之欲，即幸而被名为善，而被遗落之欲，即不幸而被名为恶矣。所被名谓善者，又被认为天理；所被名为恶者，又被认为人欲。人欲与天理，又被认为先天根本上立于反对的地位。吾人以为除非能到诸欲皆相和合之际，终有遗在和外之欲。则欲终有善恶之分。欲之善者，名为"道心"可，名为"天理"亦可。欲之恶者，名为"人心"可，名为"人欲"亦可。要之其分界乃相对的，非绝对的；理由详下。

所谓道德及政治上社会上之种种制度，皆是求和之方法，皆所以代表上文所谓"人道"也（参看本章五节）。现在所有之诸特殊的方法，虽未必对，即虽未必真是所谓人道之当然，然求和之方法终不可少，人道终不能废。荀子云："人生而有欲；欲而不得，则不能无求；求而无度量分界，则不能不争；争则乱；乱则穷。"（《荀子·礼论篇》）人不能生存于乱中，所以必有道德制度以整齐划一之。故无论何种社会，其中必有道德制度，所谓"盗亦有道"，盖若无道，其社会即根本不能成立矣。历史上所有之道德的、政治的、社会的革命，皆不过以新道德制度代旧道德制度，非能一切革去，使人皆随意而行也。其所以者，盖因人与人之间，常有冲突；人间之和，既非天然所已有，故必有待于人为也。

哲学史中，诚亦有反对一切道德制度，而欲一切革去者。和为天然所已有，故无须人为以求之，此其所根据之假定也。如庄子所说，老聃驳孔子云："夫子若欲使天下无失其牧乎？则天地固有常矣，日月固有明矣，星辰固有列矣，禽兽固有群矣，树木固有立矣。夫子亦放德而行，循道而趋，亦至矣，又何偈偈乎揭仁义，若击鼓而求亡子焉？噫！夫子乱人之性也！"（《庄子·天道》）此即谓天然界本来是一大和；"万物"本来即"并育而不相害"，"并行而不相悖"。在其天然状况中，诸物本来不相冲突，故无须一切道德制度也。如使世界果本来如此所说，则诚亦无须道德制度。但世界果本来如此所说乎？"天地固有常"，"日月固有明"；然而禽兽之相害，人类之相残，亦皆事实也。唯其有此事实，所以儒家不能不"偈偈乎揭仁义，若击鼓而求亡子"，道家亦不能不"偈偈乎"反"仁义，若击鼓而求亡子"也。

近数年中，有所谓礼教吃人之说。依吾人之见，凡道德制度，除下所说能包括一切欲者外，盖未有不吃人者。盖一种道德制度所得之和，既不能包括一切欲，则必有被遗落而被视为恶而被压抑者。此被压抑者，或为一人诸欲中之一欲，或为一人之欲，或为一部分人之欲。要之道德制度，既有所压，即有所吃，即可谓为恶。瑞安陈介石先生曰："杀千万人以利一人，固不可也。杀一人以利千万人，亦奚可哉？"孟子云："行一不义，杀一不辜，而得天下，皆不为也。"（《孟子·公孙丑上》）严格地说，即杀一辜而得天下，亦岂可为？不过吾人在此世界中，理想的办法，既一时不能得，故不能不于"害之中取小"而定为道德制度；如此则人虽有为道德制度所吃者，而尚可免人之相吃。此亦人生不幸之一端也。

不过道德制度皆日在变改之中。盖因道德制度，未必即真是人道之当然；且人之环境常变，故即客观的人道之当然亦常变。若有较好的制度，即可得较大的和。所得之和较大一分，所谓善即添一分，所谓恶即减一分。所谓恶减一分，即被压抑而被吃之欲少一分，而人生亦即随之较丰富较美满一分。譬如依从前之教育方法，儿童游戏是恶，在严禁之列，而现在则不然。正因依现在之教育方法，游戏亦可包在其和之内故耳。假使吾人能立一种道德制度，于其中可得一大和，凡人之欲，皆能包在内，"并育而不相害"，"并行而不相悖"，则即只有善而无恶，即所谓至善，而最丰富最美满的人生，亦即得到矣。道德制度必至此始可免吃人之讥。至于此等道德制度果否可能，乃另一问题；吾人固深望其能，而又深惧其不能也。不过知此则知所谓天理人欲之分界，乃相对的，非绝对的。

道德制度，如已极端普遍流行，一般人对之皆不知不觉而自然奉行，则即成为风俗。社会之有风俗，犹个人之有习惯。个人之较复杂的活动，方其未成习惯之时，须用智力之指导；但及其行之既久，已成习惯之后，则即无须智力之指导，而自达其目的。社会中之风俗，其始亦多系理智所定之道德制度，以种种方法，如刑法教育之类，使人勉行者；及其后则一般人皆有行之之习惯，不知其然而自然行之，于是即成为风俗。

社会中之风俗与个人之习惯，皆为人生所不可少者。先就个人之习惯言之，在吾人日常生活中，大部分之事，皆依习惯而作。唯其如此，故吾人之智力，可专用以应付新环境，新事实，而作新活动。若非然者，吾人将终身循环于简单的活动之中，永无进步之可能矣。如吾人幼时之学走路写字，甚非易事；但既成习惯之后，吾人只须决定向何处行，则吾人之腿即机械地自然而走；吾人只须决定写何字，则吾人之手即机械地自然而写；皆不更须智力之指导。如吾人之写字，终身皆如始学写字时之费事，则吾人将不能执笔作文，盖执笔时吾人将永须以全力注意于写字也。其他类此之事甚多。总之吾人若对于诸活动不能有习惯，则将终日只能做穿衣、吃饭、漱口、刷牙等事，而他一切事皆不能做矣。故习惯乃效能及进步之必要条件也。

风俗之在社会，犹如空气，使人涵养其中，不有意费力而自知诸种行为之规律，何者为所应做之事，何者为所不应做之事；其维持社会安宁及秩序之力，盖较道德制度为尤大。盖人之遵奉诸制度与道德，乃有意的，而其遵奉风俗，乃无意的，自然的也。

习惯与风俗之利，已如上述。然因习惯风俗之固定而不易变，吾人如发现某种习惯或风俗之有害，而欲改之之时，亦极困难。于是所以使进步可能者，反足以阻碍进步。社会中之风俗，尤为如此。然吾人于打破旧风俗之后，必成立新风俗，于打破旧习惯之后，必成立新习惯。此亦吾人所无可奈何者也。

第十三章

一个新人生论（下）

第一节 文学美术

世界本非为人而设，人偶生于其中耳。人既生于此世界之中，一切欲皆须于其中求满足，于是一般艺术生焉。艺术者，人所用以改变天然的事物，以满足人自己之欲，以实现人自己之理想者也。在诸种艺术中，有所谓实用的艺术（industrial arts）者，以统治改变人以外之外界事物，使其能如人之欲，以为人利。如一切制造，工程，皆属此类。又有所谓社会的艺术（social arts）者，以统治改变人自己之天性，使人与人间，得有调和。如一切礼教制度及教育等，皆属此类。此二种艺术，皆在所谓实行界中，皆须人之活动，使之实现于实际。

此世界既非为人设，故其间之事物，当然不能尽如人意。虽有诸种艺术之助，而人之欲终不能尽满足；人之理想终不能尽实现。即人与人之间，因其间关系复杂之故，亦常有令人不能满足之事。所以有"天下不如意事十常八九"之言，所以理想的往往与实际的成为相对峙之词也。然未得满足之欲，亦不能因其未得满足而随自消灭。依现在"析心术"说，吾人之梦，及日间之幻想，所谓"日梦"（day-dream）者，即诸未得满足之欲，所以求满足之道。此诸欲在实行界中未得满足，乃不得已而建空中楼阁，于其中"欺人自欺"，亦所谓"过屠门而大嚼，虽不得志，聊且快意"者也。

空中楼阁之幻想，太虚无缥缈，虽"慰情聊胜无"，而人在可能的范围内终必欲使之成为较具体的，较客观的。文学及美的艺术（fine arts）或曰美术者，即所以使幻想具体化、客观化者也。

诗对于人生之功用——或其功用之一——即是助人自欺。"用尽闺中力，君听空外音。"（杜甫《捣衣》）闺中捣衣之声，无论如何大，岂空外所能听？明知其不能听，而希望其能听，诗即因之作自己哄自己之语，使万不能实现之希望，在幻想中得以实现。诗对于宇宙及其间各事物，皆可随时随地，依人之幻想，加以推测解释；亦可随时随地，依人之幻想，说自己哄自己之话。此诗与说理之散文之根本不同之处也。小说则更将幻想详细写出，恰如叙述一历史的事实然，或即借一历史的事实为题目，而改削敷衍，以合于作者之幻想。

有些欲之所以不得满足，乃因其与现行礼教相冲突。依佛鲁德（Freud）说，此被压的意欲，即在梦中，亦必蒙假面具，乃敢出现；盖恐受所谓良心之责备也。中国昔日礼教甚严，被压之欲多，而人亦不敢显然表出其被压之欲，所以诗中常用隐约之词，所谓"美人香草，飘风云霓"，措词多在可解与不可解之间，盖作者本不欲令人全知其意也。《诗序》所谓"发乎情，止乎礼义。发乎情，民之性也；止乎礼义，先王之泽也"。发乎人之性者，欲也；先王之泽，压欲之礼教也。

小说与诗将幻想敷衍叙述，长歌咏叹，固已以言语表出幻想，使之具体化与客观化矣。然文字言语所描写，犹不十分近真。戏剧则实际的表演幻想，使之真如人生之一活动的事实。世界之有名的小说故事，多被编为戏剧；而人对于戏剧脚本，又多喜见其排演。盖非经排演，幻想不能十分的具体化与客观化也。

图画雕刻以较易统治之物质为材料，使吾人理想中之情景，事物，或性质，得实际的完全实现。如道家所谓天然境界，其中本有好与不好；此外境情形，又不易统治使其完全合于吾人之理想。而画家则以较易统治之颜料与纸为材料，使天然境界之好的方面，完全独立实现，以为吾人幻想中游息之地。又如吾人所作佛像，多表现仁慈、恬静诸性质。此亦以较易统治之物质为材料，而使此诸性质得完全实现。文学图画等，除其内容，即所实现之幻想外，其形式中亦实现有吾人之理想的性质。如诗之音节所表现之谐和流利，即其一例。此即所谓形式美也。[幻想与理想之差别，乃程度的，非种类的。理想即幻想之较有系统，较合理，较有根据者。如柏拉图之理想国，莫尔（Moore）之乌托邦，实亦即空中之楼阁，特以其较有系统，较合理，故可不称为幻想，而与以理想之名耳。又理想一语有二义，见第一章第一节]

小说戏剧等之作者与读者，多将其自己暗合于故事中之人物而享受其所享受。故其故事之空间，时间，及其人物之非主要的性质（即论理学上所谓偶德 accidents，与常德 property 相对）则均无关重要。即此等人物，此等事情，即可动人；其所以动人，乃其"共相"。至于形式美所表现之性质，则尤系"共相"。所以叔本华谓美术作品所代表，乃柏拉图的概念也。

人之所以亦愿作悲剧，看悲剧者，盖有许多性质，如壮烈、苍凉等，非悲剧不能表现。且人生之中，本有许多苦痛；人心中之苦痛，又必得相当发泄而后可。人之所以常诉苦者，盖将苦诉而出之，则心中反觉轻快。契诃夫小说中之老人，见人即诉其丧子之苦，其一例也（契诃夫《苦恼》，见《现代评论》第一卷第6至7期）。太史公曰："屈平疾王听之不聪也，谗谄之蔽明也，邪曲之害公也，方正之不容也，故忧愁幽思而作《离骚》。'离骚'者，犹离忧也。"（《史记·屈原贾生列传》）此世界中，本有许多不平之事，又加以死亡、疾病诸天然的不好之压迫。深感此诸苦者，本其穷愁抑郁之气，著之于诗歌戏剧诸作品。而他知人生之苦痛或曾身受之者，亦观玩赏鉴，而洒一掬同情之泪焉。经此发泄，作者与观者之苦痛，乃反较易于忍受矣。

总之，文学美术作品，皆人之所为，以补救天然界或实行界中之缺陷者。故就一方面说，皆假而不真，人特用之以自欺耳。《中庸》说："所谓诚其意者，毋自欺也。"道德家多恶自欺。不过自欺于人亦是一种欲。依上所说，凡欲苟不与他欲冲突，即不可谓恶。譬如小孩以竹竿当马，岂不知其非真马？但姑且自以为真马，骑而游行，自己喜笑，他人亦顾而乐之，正不必因其所骑非真马而斥其虚妄自欺也。文学美术所代表非现实，亦自己承认其所代表非现实。故虽离开现实，凭依幻想，而仍与理智不相冲突。

文学美术是最不科学的，而在人生中却与科学并行不悖，同有其价值。

第二节　宗教及宗教经验

所谓神话，及原始的宗教，亦为人之幻想之表现，其所说亦多自己哄自己之语。其所以与文学异者，即在其真以幻想为真实，说自己哄自己之话，而不自认其为自己哄自己。如耶教《旧约》之《创世纪》，若以文学的眼光观之，本一极有趣的文学作品，但《创世纪》自以为其所说为字字皆真。宗教亦以之为字字皆真。此其所以成为神话与迷信也。

但较进步的宗教，则除神话外，尚有其"神学"；其所说诸道理，亦皆有相当理论的根据。本书所谓损道诸哲学，皆以为在原初过去之时，有一合于吾人理想之世界，主张将现世或现世之一种境界去掉，以复于初。此类诸哲学又多主张上帝（不论何种上帝）存在，灵魂不死，意志自由。多数宗教之根本主义，多为此类哲学。所以西洋哲学史家多谓此类哲学为"宗教的哲学"也。每一宗教对于宇宙及人生，皆自有其见解，又皆立有理想人生，以为吾人行为之标准。故宗教与哲学，根本无异，不过宗教之中，搀有神话，及由之而起之"独断"（dogma）及仪节形式，而哲学则无之；此其异也。如佛教中之纯理论的部分是哲学；而其中所说释迦牟尼之种种异迹，则是神话。合此哲学与神话及诸种种仪节形式，于是佛教乃成为宗教。近来国人对于孔学是否宗教之问题，大有净论。若依以上所说判定之，则吾人当问讨论此问题者是否承认纬书中所说孔子之种种异迹是真。如承认其是真，则以之合于孔子之哲学，当然可成立一孔教；否则孔学固亦只是一哲学而已。

吾人可说，神话乃含有迷信之文学，较进步的宗教乃含有神话之哲学。今人以宗教中含有迷信之故，多反对宗教而主张废除之。其实宗教之诸成分，皆自有其价值，吾人只须另用一副眼光，分别观之，另用一副态度，分别对待之，即已可矣。吾人诚能视宗教之神话为文学，视宗教之神学为哲学，视随宗教以兴之建筑、雕刻、音乐等为美术，如由此观察，则诸大宗教皆成为文学哲学艺术之综合矣。在此观点下之宗教，对于人生，当能增其丰富而不益其愚蒙。如因宗教之中混有迷信，故一切关于宗教之物，皆必毁弃；此则如"煮鹤焚琴"，不免"大伤风雅"矣。自清末以来，国内佛寺佛像之见毁者颇多，此皆功利主义及理性主义之过度也。

人因情之所至，有时不得不信其平日所不愿信者，以自慰安。如蔡孑民先生祭蔡夫人文云："死而有知耶？吾决不敢信；死而无知耶？吾为汝故而决不敢信。"（原文记不甚清，大概如是）因所爱之故而信死者之有知，而又自认其所以信死者之有知，乃因其所爱者之故。此等信仰，虽凭依幻想，而仍与理智不相冲突。此等态度，亦即是诗的态度。宗教中无理论根据之"独断"，吾人亦可以此种态度对待之。即吾人于情之所至，不得不信之以自慰安之时，则即信之亦可，但同时须知吾人所以信之之故耳。此犹如小孩信其所骑之竹竿为马，聊以自欺。然此种自欺，对于人生，固有益而无害也。

至于宗教之仪节形式，其可以实现吾人之幻想，与戏剧同，故亦不必废。吾人即以戏剧视之可耳。儒家视丧祭甚重，为设仪式亦繁。但其对于仪式之态度，似亦如此所说，如孔子云："祭如在，祭神如神在。"（《论语·八佾》）所谓"如"者，不必其有也，姑认其为有耳。祭之前必斋，"斋之日，思其居处，思其笑语，思其志意，思其所乐，思其所嗜。斋三日，乃见其所为斋者。祭之日，入室，僾然必有见乎其位；周还出户，肃然必有闻乎其容声；出户而听，忾然必有闻乎其叹息之声"（《礼记·祭义》）。孝子欲见其亲而不得，故纵其幻想，以想象其人，于祭之时，即认其亲之"如在"，而仿佛见之焉。至于普通宗教之祈祷、膜拜等，多可以使吾人某种幻想得似真实之实现，皆以戏剧视之可也。人有需宗教仪式以满足其幻想者，亦有不需之者。此亦犹人有需戏剧有不需戏剧，皆宜听其自由，使各得其所得，不能立一标准使之必从，亦不必立一标准使之必从也。

总之，人生不少不如意事，故吾人不得不以种种方法，自己哄自己，使不能满足之欲，得有类似的满足。文学美术既不可废，宗教亦可视为文学美术。必完全肯定宗教者，愚也；必完全否定宗教者，迂也。

以上所说，俱就所谓"积极的宗教"（positive religion）而言。此外又有所谓宗教经验；在此经验中，经验者觉如大梦之醒，见此世界真为虚幻，其外另有较高的真实；又觉其自己之个体与"全"（宇宙之全）合而为一，所谓人我内外之分，俱已不存。承认此种经验是真，而加以解释者，多先设一唯心论的宇宙论之假定。吾人以为吾人可认此种经验是真，而不必设唯心论的宇宙论之假定。庄子及斯宾诺莎之哲学，似亦同此见解。依上所说之宇宙论，一切事物常变而宇宙不变（见本书第十二章第二节），故一切事物皆可谓为虚幻而宇宙则必是真实。庄子云："至人无己。"（《庄子·逍遥游》）凡能有宗教经验者，必先去"我见"，使至于"无己"；至于"无己"，则其个体已与宇宙合而为一。既与宇宙合一，则其观察事物之观点，可谓已至一较高阶级，故于其时可真见一切事物之为虚幻而宇宙全体之独为真实也。

问：吾人若不承认唯心论的宇宙论之假定，若何可承认个体与宇宙之能合而为一？答：所谓相合，乃就知识论上言之，非就本体论言之。就知识论上言之，人若直觉其与"全"相合，则即真与"全"相合矣。庄子云："自其异者视之，肝胆楚越也；自其同者视之，万物皆一也。"（《庄子·德充符》）吾人之肉体，本为许多部分所合成；吾人所以觉其如一体者，以吾人只觉其同而不觉其异也。至于家族、社会、国家，吾人如亦只觉其同而不觉其异，则亦觉其为一体。若一人对于宇宙，亦只觉其同而不觉其异，则万物当不即其人之个体，而其人之个体当不即与宇宙合而为一耶？此所谓"至人无己"，不作分别之极致也。

总之有人之有此等经验，乃为事实。有此经验之人，觉其经验之中，有最高的真实及最大的幸福，亦为事实。（参看 William James: *The Varieties of Religious Experience*）亦有人谓此等经验，乃梦幻"错觉"，或由于神经病。但吾人即承认此言，亦不能将"存在判断"（existential judgment）与"精神判断"（spiritual judgment）混为一谈。（参看上书第 4 页）我们即承认此经验之低的来源，而仍应承认其高的价值。我们即不以之为求真理之路，亦应以之为求幸福之路。换言之，我们即不于其中求真，亦应于其中求好。

第三节　意志自由问题

孟子云："鱼，我所欲也；熊掌，亦我所欲也；二者不可得兼，舍鱼而取熊掌者也。生，亦我所欲也；义，亦我所欲也；二者不可得兼，舍生而取义者也。"(《孟子·告子上》)吾人之欲，甚为复杂，势不能尽皆实现。故诸欲于互相冲突，即诸所欲"不可得兼"之时，必有斗争，其结果欲之强者得实现，其弱者则被压制。此等情形，乃吾人所日常经验者也。

在诸欲冲突之际，吾人有时觉理智能有选择取舍之力。在无关重要之事例中，如食鱼或熊掌，吾人常即听习惯之自然，或任较强的欲之实现。但在较重要的事例中，则吾人必用理智以推测计算，如本书所说功利派所说者；于此时则眼前较强之欲，亦往往有被压者。此等情形虽亦为吾人所常经验，然吾人须知理智虽能推测计算，然不能制欲，故亦无选择取舍之力也。譬如一人，现有一甚强之欲，亟求实现，现有他欲，皆不足以制之。如于此时依理智之推测计算，此人知此甚强之欲如实现，则将来必有极坏的结果，于是此人遂因畏将来之结果而抑制现在甚强之欲。抑制现在甚强之欲者，非理智之力，乃欲避免将来不好结果之欲之力也。理智但能推测计算而无实行之力。理智无力，欲无眼。

有哲学家以为吾人于欲外又有意志。意志与欲有别，超乎欲之上而常制御之。诸欲有冲突，则意志出而选择之以决定吾人行为之方向。依吾人之见，则意志实即欲之成为系统者，非与欲有种类的差别也。常有一欲或数欲，以其自己为中心，与其类似的欲，联络和合，成为系统，以为吾人人格之中心。所谓"立"某种"志"，实即某种欲之立系统耳。系统既立，以后随时发生之欲，其与"志"合者，当然得其助而得实现；其与"志"不合者，当然不得其助而且受压抑。所谓意志有选择诸欲之力者，即此而已。

此欲之系统，所包之欲愈多，则其所得之和愈大，其所遇之冲突愈少，吾人之人格亦愈统一，行动亦愈自由。即所绝不能包之欲，此系统亦能"相机剿抚",久之习惯养成,则即无有与意志冲突之欲矣。孔子云:"吾十有五,而志于学……七十而从心所欲,不逾矩。"(《论语·为政》)皇侃《疏》云:"年至七十,习与性成,犹蓬生麻中,不扶自直,故虽复放纵心意而不逾越于法度也。"盖初为人格中心之意志,至此已融包人格之全体,故更无与意志相冲突之欲。若果有所谓意志自由,此则是也。

至于吾辈普通人之心境,则常为诸欲争斗之战场。往往诸欲互作,不知所从。一欲方在实现,他欲则牵掣之。一欲已经实现,他欲则责备之。此等冲突悔恨,乃吾人所日常经验。在此等情形之中,吾人乃饱尝意志不自由之苦矣。

问:历史中所说桀纣之流,其暴虐亦"习与性成",其为其人格中心之欲之系统,亦融包其人格之全体,亦无与其意志相冲突之欲。如所谓意志自由,乃如上所解释,则桀纣当亦有完全的意志自由矣。答:是固然也。吾人既以意志为欲之系统而不视之为与欲有种类的不同,则意志在道德上当然亦可是善,亦可是恶。善之势力可自由,恶之势力亦何不可自由耶?意志与自由,就其本身而言,皆非是恶;犹之诸欲,就其本身而言,皆非是恶也。唯此人之意志与他人之意志,此人之自由与彼人之自由,有所冲突,然后方引人道德的判断,而始有善恶是非之可言。桀纣之意志之所以为恶,乃因其与多数人之意志相冲突,非因其不自由也。

以上谓吾人之意志,即为吾人人格中心之欲之系统;如能行所欲行,不受别欲之阻碍,则即可谓自由,否则可谓不自由。但吾人之意志,果因何而欲其所欲耶?哲学中有所谓意志自由问题者,即吾人之意志是否止是能决定而非所决定之问题。意志决定吾人之行为,就此方面言,意志是主动者,但意志之所以如此决定者,是否亦受别种影响而为被动耶?所谓自由论以为意志只是主动而非被动;所谓决定论则持相反的见解。依吾人之见,人是宇宙间之物,人生是宇宙间之事。宇宙间诸事物,当然互相决定,互相影响,如所谓"英雄造时势,时势造英雄"者。若由此方面说,吾人之意志,当然一方面有所决定,一方面亦为他事物所决定。非唯吾人之意志如此,一切事物皆然也。所以斯宾诺莎说,一切有限的事物皆为他有限的事物所决定而不自由,唯上帝不受决定而独自由。然上帝之所为,亦皆因其本性之必然,非是随意而为(斯宾诺莎《伦理学》命题第十七注),故即谓上帝为不自由可也。

但普通所谓自由,及吾人所喜好者,实即本书所说之自由。吾人能得到此种自由,即已可矣。若必须离开吾人之历史、环境,甚至吾人之本性,而有所作为,然后方可为自由,则此等自由,固亦上帝所不能有者也。

第四节　幸偶

人生中有不如意事,亦有如意事。诸不如意事中,有能以人力避免者(例如一部分之病),有不能以人力避免者(例如死)。诸如意事中,有能以人力得到者(例如读书之乐),有不能以人力得到者(例如"腰缠十万贯,骑鹤下扬州")。其不能以人力避免或得到之不如意事或如意事,固为人之所无奈何;即其能以人力避免或得到者,亦有人不能避免不能得到。其所以不能避免不能得到者,亦非尽因其力不足,非尽因其所以避之或所以得之之方法不合。往往有尽力避不如意事而偏遇之,尽力求如意事而偏不遇之者;亦有不避不如意事而偏不遇之,或不求如意事而偏遇之者。范缜答竟陵王云:"人之生譬如一树花,同发一枝,俱开一蒂,随风而堕,自有拂帘幌坠于茵席之上,自有关篱墙落于溷粪之侧。坠茵席者,殿下是也;落粪溷者,下官是也。"(《梁书》卷四十八)王充云:"蝼蚁行于地,人举足而涉之;足所履,蝼蚁笮死;足所不蹈,全活不伤。火燔野草,车辙所至,火所不燔,俗或喜之,名曰幸草。夫足所不蹈,火所不及,未必善也。足举火行有适然也。"(《论衡·幸偶篇》)人生有幸有不幸,正是如此。

在人生中,偶然的机遇(chance)颇为重要,凡大人物之所以能成大事业,固由于其天才,然亦由诸机遇凑合,使其天才得充分发展也。例如唐太宗,一大人物也。世之早夭者甚多,如唐太宗亦"不幸短命死矣",则其天才即无发展之余地。彼又亲经许多战争,吾人所见昭陵前之石马,皆刻有箭伤,使唐太宗亦偶中箭而死,则其天才亦即无发展之余地。此不过举其大者。此外可以阻其成大事业者甚多，而皆未阻之。此唐太宗之所以如茵上之花，而为有幸之人也。天才与常人，其间所差，并不甚大。世上有天才之人甚多，特其多数皆因无好的机遇凑合，故不幸而埋没耳。在中国历史中，一大人物出，则其乡里故旧，亦多闻人。如孔子生于山东，于是圣庙中"吃冷猪肉"者，遂多邹鲁子弟。如近时曾国藩起，湖南亦人才辈出，极一时之盛。如此之类甚多，旧时说者多谓系出天意。其实人才随地皆有，一大人物出，又能造机会以使之发展其天才，故一时人物蔚起耳。此大人物何幸能得机遇凑合以成其为大人物！其他人物又何幸而恰逢此大人物所造之机会！总之皆偶然而已矣。

大人物之能成为大人物，固由于其所遇之幸，即普通人之仅能生存，亦不可谓非由于其所遇之幸也。男女交合，极多精虫，仅有一二幸而能与卵子结合而成胎。胎儿在母腹中，须各方面情形皆不碍其生长，十月满足，又经生产之困难危险，然后出世。自出世以来，即须适应各方面之环境，偶有不幸，则所以伤其身与其心者，如疾病、刑罚、刀兵、毁谤等，皆不招而自至。即以疾病一项而论，吾人终日，皆在与毒菌战争之中，偶一失手，败亡立见。其他诸端，亦复称是。庄子曰："游于羿之彀中，中央者，中地也；然而不中者，命也。"（《庄子·德充符》）吾人皆日在"四面楚歌"之中，即仅能生存，亦即如未被足踏之蝼蚁，如所谓"幸草"矣。

吾人解释历史时，固不能不承认经济状况及地理等物质环境之影响。然若谓一切历史之转移，皆为经济状况等所决定，其中人物，全无关重要，则亦不对。吾人平常开一会议，其主席之能尽职与否，对于会议之进行，即有甚大关系。至于在政治上，社会上，或人之思想上，有大权威之人，其才智行为，岂可谓为对于历史无大关系？如清光绪帝之变法，因受慈禧太后之制而作罢。使慈禧不幸而早日即死，或幸而早日即死，光绪之维新政策得行，则中国今日之局面，当与现在所有者不同。说者或谓当时守旧之人甚多，即使无慈禧，他人亦必制光绪使不得维新。是亦固然。不过他人之制光绪，必不能如慈禧之制光绪；既不得如慈禧之制光绪，则中国现在之局面，当亦与现在所有者不同。故中国现在之所以致于如此，亦许多偶然的机会凑合使然。偶然的机会，在历史中亦颇占重要位置也。

说者又谓一事物之发生，必有一定的原因，故无所谓偶然。然吾人所谓偶然，与所谓因果律，并不冲突。假如一人正行之际，空中陨石，正落其头上，遂将其打死。吾人固可谓此人之行于此乃由于某原因，空中陨石亦有原因，皆非由于偶然。此吾人所不必否认。吾人所谓偶然的机会者，乃此陨石之恰落于此人头上也。此人之所以行于此地乃一因果系统，空中陨石又为一因果系统；此二因果系统乃必发生关系，此乃是偶然的也。

故吾人之求避免不如意事，或得到如意事，其成功或失败之造成，皆常受偶然的机遇之影响，故为吾人所不可必。换言之，即成功失败之造成，皆受机遇之影响，而机遇又非吾人力之所能制。如深知此，则吾人于不能达所求之目的之时，亦可"不怨天，不尤人"，而省许多烦恼。此儒家所以重"知命"也（参看本书第八章第九节）。孟子曰："君子创业垂统，为可继也。若夫成功则天也，君如彼何哉？强为善而已矣。"（《孟子·梁惠王下》）

第五节　人生术

儒家之知命，亦是一种人生术。今再以人生术为题目，略广论之。

好之意义，已如上述。若将好分类，则好可有二种：即内有的好（intrinsic good）及手段的好（instrumental good）。凡事物，其本身即是可欲的，其价值即在其本身，吾人即认其为有内有的好；严格地说，惟此种方可谓之好。不过在此世界，有许多内有的好，非用手段不能得到。凡事物，我们须用之为手段以得到内有的好者，吾人即认其为有手段的好。换言之，内有的好，即欲之目的之所在；手段的好，非欲之目的之所在，但吾人可因之以达目的者。不过在此世界中，何种事物为有内有的好，何种事物为有手段的好，除少数例外外，全不一定。譬如吾人如以写字为目的，则写字即为有内有的好；如写信抄书，则写字即成为有手段的好。大概人生中之一大部分的苦痛，即在许多内有的好，非因手段的好不能得到，而手段的好，又往往干燥无味。又一部分的苦痛，即在用尽干燥无味的手段，而目的仍不能达，因之失望。但因人之欲既多，世上大部分的事物，都可认为有内有的好。若吾人在生活中，将大部分有手段的好者，亦认为有内有的好，则人生之失望与苦痛，即可减去一大部分。"君子无人而不自得焉"，正因多数的事物，多可认为有内有的好，于其中皆可"自得"。此亦解决人生问题之一法也。

近来颇有人盛倡所谓"无所为而为"，而排斥所谓"有所为而为"。用上所说之术语言之，"有所为而为"即是以"所为"为内有的好，以"为"为手段的好；"无所为而为"即是纯以"为"为内有的好。按说"为"之自身，本是一种内有的好；若非如老僧入定，人本不能真正无为。人终是"动"物，终非动不可。所以监禁成一种刑罚。闲人常要"消闲"，常要游戏。游戏即是纯以"为"为内有的好者。

人事非常复杂，其中固有一部分只可认为只有手段的好者；然亦有许多，于为之之际，可于"为"中得好。如此等事，吾人即可以游戏的态度做之。所谓以游戏的态度做事者，即以"为"为内有的好，而不以之为手段的好。吾人虽不能完全如所谓神仙之"游戏人间"，然亦应多少有其意味。

不过所谓以游戏的态度做事者，非随便之谓。游戏亦有随便与认真之分；而认真游戏每较随便游戏为更有趣味，更能得到"为之好"，"活动之好"。国棋不愿与臭棋下，正因下时不能用心，不能认真故耳。以认真游戏的态度做事，亦非做事无目的、无计画之谓。成人之游戏，如下棋、赛球、打猎之类，固有目的，有计画；即烂漫天真的小孩之游戏，如捉迷藏之类，亦何尝无目的，无计画？无目的无计画之"为"，如纯粹冲动及反射运动，虽"行乎其所不得不行，止乎其所不得不止"，然以其为无意识之故，于其中反不能得"为之好"。计画即实际活动之尚未有身体的表现者，亦即"为"之一部分；目的则是"为"之意义。有目的计画，则"为"之内容愈丰富。

依此所说，则欲"无所为而为"，正不必专依情感或直觉，而排斥理智。有纯粹理智的活动，如学术上的研究之类，多以"为"为内有的好；而情感之发，如恼怒忿恨之类，其态度全然倾注对象，正与纯粹理智之态度相反。亚力士多德以为人之幸福，在于其官能之自由活动，而以思考——纯粹的理智活动——为最完的、最高的活动（见上第九章第十节）；其说亦至少有一部分之真理。功利主义固太重理智，然以排斥功利主义之故，而必亦排斥理智，则未见其对。功利主义必有所为而为，其弊在完全以"为"为得"所为"之手段；今此所说，谓当以"所为"为"为"之意义。换言之，彼以"为"为手段的好，而以"所为"为内有的好；此则以"为"为内有的好，而以"所为"为使此内有的好内容丰富之意义。彼以理智的计画为实际的行为之手段，而此则谓理智的计画亦是"为"，使实际的行为内容丰富之"为"。所以依功利主义，人之生活多干燥——庄子所谓"其道大觳"——而重心偏倚在外；依此所说，则人之生活丰富有味，其重心稳定在内。（所谓重心在内在外，用梁漱溟先生语）

人生之中，亦有事物，只可认为有手段的好，而不能认为有内有的好。如有病时之吃药，用兵时之杀人等是。此等事物，在必要时，吾人亦只可忍痛作之。此亦人生不幸之一端也。

第六节　死及不死

人死为人生之反面，而亦人生之一大事。《列子》云："子贡倦于学，告仲尼曰：'愿有所息。'仲尼曰：'生无所息。'子贡曰：'然则赐息无所乎？'仲尼曰：'有焉耳。望其圹，睪如也，宰如也，坟如也，鬲如也，则知所息矣。'子贡曰：'大哉死乎！君子息焉，小人伏焉。'仲尼曰：'赐，汝知之矣。人胥知生之乐，未知生之苦，知老之惫，未知老之佚，知死之恶，未知死之息也。'"（《天瑞》）古来大哲学家多论及死。柏拉图且谓学哲学即是学死。（《非都》第64节）人皆求生，所以皆怕死。有所谓长生久视之说，以为人之身体，苟加以修炼，即可长生不老。此说恐不能成立。不过人虽不能长生，而确切可以不死；盖其所生之子孙，即其身体之一部之继续生活者；故人若有后，即为不死。非仅人为然，凡生物皆如此，更无须特别证明。柏拉图谓世界不能有"永久"（etemity），而却得"永久"之动的影像，时间是也。（Timaeus 第37节）又谓人不能不死，而却亦得不死之形似，生殖是也。凡有死者皆尽其力之所能，以求不死。此目的只可以新陈代谢之法达之；生殖即所以造"新吾"以代"故吾"也。男女之爱，即是求生殖之欲，即所以使吾人于有死中得不死者。故爱之功用，在使有死者不死，使人为神。［以上见《一夕话》（Symposium）第207、208节］后来叔本华论爱，更引申此义。（见《世界如意志与观念》英译本第三册第336页）儒家注重"有后"，及重视婚礼，其根本之义，似亦在此。孔子曰："天地不合，万物不生；大昏，万世之嗣也；君何谓已重焉？"（《礼记·哀公问》）孟子曰："不孝有三，无后为大。"盖人若无后，则自古以来之祖先所传下之"万世之嗣"，即自此而斩，或少一支；谓此为不孝之大，亦不为无理（自生物学的观点言之，凡人之所生，无论男女，皆其"新吾"，皆所以代其"故吾"者。必有男子方可为有后，乃男统社会中之制度，无生物学上的根据）。此等注意"神工鬼斧的生小孩"（吴稚晖先生语）之人生观，诚亦有生物学上的根据也。

宗教又多以别的方法求不死与"永久"。凡有上所谓宗教经验（见本书本章第二节）者，皆自觉已得"永久"。盖一切事物，皆有始有终，而宇宙无始终，已如上述。（本书第十二章第二节）故觉个体已与宇宙为一者，即自觉可以不死而"永久"。盖个体虽有终，而宇宙固无终；以个体合宇宙，藏宇宙于宇宙，即庄子所谓藏天下于天下，自无地可以失之也。"指穷于为薪，火传也，不知其尽也。"（《庄子·养生主》）然此等不死，与上所说不死不同。上所说不死，乃以"我"之生活继续为主；此所谓不死，则不以"我"之生活继续为主；此种不死，且往往必先取消"我"，及"我"之生活继续，方可得到（如佛教所说）。上所说不死，可名为生物学的不死；此所说不死，可名为宗教的不死。

又有所谓不朽者，与上所说生物学的不死，又有不同。生物学的不死是指人之生活继续；不朽是指人之所作为，继续存在，或曾经存在，为人所知，不可磨灭者。柏拉图谓：吾人身体中充有不死之原理，故受异性之吸引，以生子孙，以继续吾人之生活。吾人之灵魂中，亦有不死之原理，亦求生子孙。创造的诗人、艺术家、制作家等之作品，皆灵魂之子孙也。荷马之诗，撒伦（Solon）之法律，及他希腊英雄之事功，皆为灵魂之子孙，永留后人之记忆，长享神圣的大名。此等灵魂之子孙，盖较肉体之子孙为更可尊贵。(《一夕话》第209节)中国古亦常谓人有三不朽：太上有立德；其次有立功；其次有立言。人能有所立，其所立即其精神之所寄，所谓其灵魂之子孙；其所立存，其人即亦可谓为不死。不过此等不死，与上所谓不死，性质不同，故可另以不朽名之。

　　不过人之所立，其能存在之程度，及后人对之之记忆之久暂，皆不一定。如某人之所立，烜赫在人耳目，但过数十年，数百年，或数千年，其所立已不存在，后人已不知其曾有所立，则此人仍可谓为不朽否耶？就一方面说，此人所立已朽，其人亦即非不朽。但就别一方面说，此人亦可谓不朽。盖其曾经有所立，乃宇宙间一固定事实，后人之知之与否，与其曾经存在与否固无关系也。就此方面说，则凡人皆不朽。盖某人曾经于某时生活于某地，乃宇宙间之一固定的事实，无论如何，不能磨灭；盖已有之事，无论何人，不能再使之无有。就此方面说，唐虞时代之平常人，与尧舜同一不磨灭，其差异只在受人知与不受人知；亦犹现在之人，同样生存，而因其受知之范围之小大而有小大人物之分。然即至小的人物，吾人亦不能谓其不存在。能立德、立言、立功之人，在当时因其受知之范围之大而为大人物，在死后亦因其受知之范围之大而为大不朽，即上段所说之不朽。大不朽非尽人所能有；若仅只一不朽，即此段所说之不朽，则人人所能有而且不能不有者也。

一种人生观

一种人生观

一、引言

　　1923年，中国思想界中一件大事，自然要算所谓"人生观之论战"了。"丁在君先生的发难，唐擘黄先生等的响应，六个月的时间，二十五万字的煌煌大文"（《科学与人生观》胡序第16页），构成了这"论战"。而且"这一战不比那一战"，这"论"里所包的问题，据唐擘黄先生调查，共有一十三个之多（见《科学与人生观》中唐钺《玄学与科学论争所给的暗示》第4至6页）。因为所包的问题多，所以这个"论战"格外热闹，但是因为太热闹了，所以"使读者'如堕五里雾中'，不知道论点所在"（同上书第6页）。胡适之先生说："这一次为科学作战的人——除了吴稚晖先生——都有一个共同的错误，就是不曾具体地说明科学的人生观是什么，却抽象地力争科学可以解决人生观的问题。"（《科学与人生观》胡序第16页）不但此也，那一方面人也没有具体地说明非科学的人生观是什么，也却只抽象地力争科学不可以解决人生观的问题。张君劢先生说："同为人生，因彼此观察点不同，而意见各异。"（《科学与人生观》中张君劢《人生观》第1页）他随后举了二十四种不同的意见，以为说明；但却没有具体地说明他"自身良心之所命"的"直觉的"人生观是与何种相似。所以这次

"论战"虽然波及的问题很多,而实际上没有解决一个问题。我这篇文是打算具体地说出"一个人生观"。至于这"一个人生观"与这些解决人生问题之方法,是"科学的",或是"直觉的",还请读者批评。

二、人生之真相

人生之真相是什么?我个人遇见许多人向我问这个问题。陈独秀先生亦说:"人生之真相,果何如乎?此哲学上之大问题也。欲解决此问题,仍尚非今世人智之所能……"(《独秀文存》卷一第20页)这个"像煞有介事"的大问题,我以为是不成问题。凡我们见一事物而问其真相,必因我们是局外人,不知其中的内幕。报馆访员,常打听政局之真相,一般公众,也常欲知政局之真相。这是当然的,因为他们非政局之当局者。至于实际上的总统总理,却不然了。政局之真相,就是他们的举措设施;他们从来即知之甚悉,更不必打听,也更无从打听。这是一个极明显的比喻。说到人生,亦复如是。人生之当局者即是我们人。人生即是我们人之举措设施。"吃饭"是人生,"生小孩"是人生,"招呼朋友"也是人生。艺术家"清风明月的嗜好"是人生,制造家"神工鬼斧的创作"是人生,宗教家"覆天载地的仁爱"也是人生(这几个名词,见吴稚晖先生《一个新信仰的宇宙观及人生观》)。问人生是人生,讲人生还是人生,这即是人生之真相。除此之外,更不必找人生之真相,也更无从找人生之真相。若于此具体的人生之外,必要再找一个人生真相,那真是宋儒所说"骑驴觅驴"了。我说:"人生之真相,即是具体的人生。"

三、人生之目的

不过如一般人一定不满意于这个答案。他们必说:"姑假定人生之真相,即是具体的人生,但我们还要知道为什么有这个人生。"实际上一般人问"人生之真相，果何如乎"之时，他们心里所欲知者，实即是"为什么有这个人生"。他们非是不知人生之真相，他们是要解释人生之真相。哲学上之大问题，并不是人生之真相之"如何"——是什么，而乃是人生之真相之"为何"——为什么。

不过这个"为"字又有两种意思：一是"因为"，二是"所为"，前者指原因，后者指目的。若问："因为什么有这个人生？"对于这个问题，我们也只能说："人是天然界之一物，人生是天然界之一事。"若要说明其所以，非先把天然界之全体说明不可。现在我们的知识，既然不够这种程度；我这篇小文，尤其没有那个篇幅。所以这个问题，只可存而不论。现在一般人所急欲知者，也并不是此问题，而乃是人生之所为——人生之目的。陈独秀先生说："人生在世，究竟为的什么？究竟应该怎样？这两句话实在难得回答的很。我们若是不能回答这句话，糊糊涂涂过了一生，岂不是太无意识吗？"（《独秀文存》卷一第181页）很有许多人以为：我们若找不出人生之目的，人生即没有价值，就不值得生。我现在的意思以为：人生虽是人之举措设施——人为——所构成的，而人生之全体，却是天然界之一件事物。犹之演戏，虽其中所演者都是假的，而演戏之全体，却是真的——真是人生之一件事。人生之全体，既是天然界之一件事物，我们即不能说他有什么目的；犹之乎我们不能说山有什么目的，雨有什么目的一样。目的和手段，乃是我们人为的世界之用语，不能用之于天然的世界——另一个世界。天然的世界以及其中的事物，我们只能说他是什么，不能说他为——所为——什么。有许多持目的论的哲学家，说天然事物都有目的。亚力士多德说："天地生草，乃为畜牲预备食物；生畜牲，乃为人预备食物或器具。"（见所著《政治学》）不过我们于此，实在有点怀疑。有人嘲笑目的论的哲学家说："如果什么事都有目的，人所以生鼻，岂不也可以说是为架眼镜么？"目的论的说法，我觉得还有待于证明。

况且即令我们采用目的论的说法，我们也不能得他的甚大帮助，即令我们随着飞喜推说"自我实现"，随着柏格森（Bergson）说"创化"，但我们究竟还不知那"大意志"为——所为——什么要实现，要创化。我们要一定再往下问，也只可说："实现之目的，就是实现；创化之目的，就是创化。"那么，我们何必多绕那个弯呢？我们简直说人生之目的就是生，不就完了么？唯其人生之目的就是生，所以平常能遂其生的人，都不问为——所为——什么要生。庄子说："夔谓蚿曰：'吾以一足黔踔而行，予无如矣。今子之使万足，独奈何？'蚿曰：'不然，子不见夫唾者乎？喷则大者如珠，小者如雾，杂而下者，不可胜数也。今予动吾天机，而不知其所以然。'蚿谓蛇曰：'吾以万足行，而不及子之无足，何也？'蛇曰：'夫天机之所动，何可易邪？吾安用足哉？'"（《秋水》）"动吾天机，而不知其所以然"，正是普通一般人之生活方法。他们不问人生之目的是什么而自然而然地去生；其所以如此者，正因他们的生之目的已达故耳。若于生之外，另要再找一个人生之目的，那就是庄子所说："泉涸，鱼相与处于陆，相呴以湿，相濡以沫，不若相忘于江湖。"（《天运》）

不过若有人一定觉得若找不出人生之所为，人生就是空虚，就是无意义，就不值得生，我以为单从理论上不能说他不对。佛教之无生的人生方法，单从理论上，我们也不能证明他是错误。若有些对于人生有所失望的人，如情场失意的痴情人之类，遁入空门，借以作个人生之下场地步；或有清高孤洁之士，真以人生为虚妄污秽，而在佛教中另寻安身立命之处；我对于他们，也只有表示同情与敬意。即使将来世之人，果如梁漱溟先生所逆料，皆要皈依印度文化，我以为我们也不能说他们不对。不过依我现在的意见，这种无生的人生方法，不是多数人之所能行。所以世上尽有许多人终日说人生无意义，而终是照旧去生。有许多学佛的和尚居士，都是"无酒学佛，有酒学仙"。印度文化发源地之印度，仍是人口众多，至今不绝。所以我以为这种无生的人生方法，未尝不是人生方法之一种，但一般多数人自是不能行，也就无可如何了。

四、活动与欲

人生之目的是"生","生"之要素是活动。有活动即是生,活动停止即是死。不过此所谓活动,乃依其最广之义;人身体的活动,如穿衣走路等,心里的活动,如思维想象等,皆包括在内。

活动之原动力是欲。此所谓欲,包括现在心理学中所谓冲动及欲望。凡人皆有一种"不学而能"的,原始的活动,或活动之倾向,即所谓本能或冲动。冲动是无意识的,虽求实现,而不知所实现者是什么;虽系一种要求,而不知所要求者是什么。若冲动而含知识分子,不但要求,而且对于所要求者,有相当之知识,则即所谓欲望。冲动与欲望,虽有不同,而实属一类。中国之欲字,似可包括二者,比西洋所谓欲望,范围较大。今此所谓欲,正依其最广之义。人皆有欲,皆求满足其欲。种种活动,皆由此起。

近来颇有人说:情感是吾人活动之原动力。如梁任公先生说:"须知理性是一件事,情感又是一件事。理性只能叫人知道某件事该做,某件事该怎样做法,却不能叫人去做事;能叫人去做事的,只有情感。我们既承认世界事要人去做,就不能不对于情感这样东西十分尊重。既已尊重情感吗?老实不客气,情感结晶,便是宗教化。一个人做按部就班的事,或是一件事已经做下去的时候,其间固然容得许多理性作用。若是发心着手做一件顶天立地的大事业,那时候,情感便是威德巍巍的一位皇帝,理性完全立在臣仆的地位。情感烧到白热度,事业才会做出来。那时候若用逻辑方法,多归纳几下,多演绎几下,那么,只好不做罢了。人类所以进化,就只靠这种白热度情感发生出来的事业。这种白热度情感,吾无以名之,名之曰宗教。"(《学术讲演集第一辑》第第75页)

关于理性及宗教,下节另有讨论。今姑先问:能叫人去做事的,果是而且只有情感吗?依现在心理学所说:情感乃是本能发动时所附带之心理情形。"我们最好视情感为心理活动所附带之'调'（tone），而非一心理历程（mental process）。""自根本上言之，人之心，与动物之心，终是一复杂之机器，以发动及施行动作——以作事。凡诸活动，皆依此看，方可了解。"［唐斯累《新心理学》(A. G. Tansley: *The New Psychology*) 第一版第 36 页］情感与活动固有连带之关系，然情感之强弱，乃活动力之强弱之指数（index）（同上书第 63 页），而非其原因。若以指数为原因，则岂不即如以寒暑表之升降为气候热冷之原因吗？

五、中和与通

假使人之欲望皆能满足而不自相冲突，此人之欲与彼人之欲，也皆能满足而不相冲突，则美满人生，当下即是；更无所人生问题，可以发生。但实际上欲是互相冲突的。不但此人之欲与彼人之欲，常互相冲突，即一人自己之欲，亦常互相冲突。"腰缠十万贯，骑鹤下扬州"，乃此世万不可能之事。所以如要个人人格，不致分裂，社会统一，能以维持，则必须于互相冲突的欲之内，求一个"和"。和之目的，就是要叫可能的最多数之欲，皆得满足。所谓道德及政治上社会上所有的种种制度，皆是求和之方法。他们这些特殊的方法，虽未必对，而求和之方法，总是不可少的。

道德上之所谓"和"，正如知识上所谓"通"。科学上一个道理，若所能释之现象愈多，则愈真；社会上政治上一种制度，若所能满足之欲愈多，则愈好。譬如现在我们皆承认地是圆，而否认地是方的。所以者何？正因有许多地圆说所能解释之现象，地方说不能解释；而地方说所能解释之现象，地圆说无不能解释者。地圆说较真，正因其所得之"通"较大。又譬如现在我们皆以社会主义的社会制度，比资本主义的社会制度为较优。所以者何？正因有许多社会主义的社会制度所能满足之欲，资本主义的社会制度不能满足；而资本主义的社会制度所能满足之欲，社会主义的社会制度皆能满足（或者有少数的例外）。社会主义的社会制度较好，正因其所得之"和"较大。依此说，我们可得一具体的标准，以判定一学说或一制度之真伪或好坏。它们的好或真之程度，全视它们所得之和或通之大小而定，亦可说是视它们的普遍性之大小而定。《四书》说"天下之达德"，"天下之达道"，"天下之通义"，特提出"达""通"来，可见道德之普遍性之可贵了。

六、性善与性恶

哲学家常有以"人心""道心"，"人欲""天理"对言；性善性恶，亦为中国几千年来学者所聚讼之一大公案。我以上专言欲，读者必以为我是个"不讲理的戴东原"（胡适之先生语），专主"人欲横流的人生观"（吴稚晖先生语）了。我现在把我的意思申言之。我以为欲是一个天然的事物，它本来无所谓善恶，它自是那个样子。它之不可谓为善或恶，正如山水之不可谓为善或恶一样。后来因为欲之冲突而求和，所求之和，又不能尽包诸欲；于是被包之欲，便幸而被名为善，而被遗落之欲，便不幸而被名为恶了。名为善的，便又被认为天理；名为恶的，又被认为人欲。天理与人欲，又被认为先天根本上相反对的东西，永远不能相合。我以为除非能到诸欲皆相和合之际，终有遗在和外之欲，因之善恶终不可不分。不过若认天理人欲为根本上相反对，则未必然。现在我们的道德及种种制度，皆日在改良。若有一个较好的制度，就可得到一个较大的和；若所得到之和较大一分，所谓善就添一分，所谓恶就减一分，而人生亦即随之较丰富，较美满一分。譬如依从前之教育方法，儿童游戏是恶，在严禁之列，而现在则不然。所以者何？正因依现在之教育方法，游戏也可包在其和之内故耳。假使我们能设法得一大和，凡人之欲，皆能包在内，"并育而不相害"，"并行而不相悖"，则即只有善而无恶，即所谓至善；而最丰富最美之人生，亦即得到矣。至于人类将来果能想出此等办法，得到此等境界与否，那是另一问题了。

七、理智之地位

以上所说，是中、和、通之抽象的原理。至于实际上具体的中、和、通，则须理智之研究，方能得到。譬如"饮酒无量，不及乱"，虽仅有关于个人，而若能知如何是乱，则亦已牵及过去经验；一牵及过去经验，便有推理作用。至于我之自由，究竟若何方不侵犯他人之自由，以及社会上政治上诸种制度之孰好孰不好，则更非理智对于各方情形具有切实的研究，不能决定。儒家书中，每说"时中"，盖以"中"为随时而异。如此则理智尤必须对于"时"有精确的知识，方能使我们知道如何为中。理智在人生之地位及其功用，在引导诸欲，一方面使其能得到满足，一方面使其不互相冲突。理智无力，欲则无眼。

梁漱溟先生近来提倡孔家哲学。孔子也讲中和，不过梁先生说："如是之中或调和，都只能由直觉去认定。到中的时候，就觉俨然真是中，到不调和的时候，就俨然确是不调和。这非理智的判断，不能去追问其所以，或认定就用理智顺着往下推。若追问或推理，便都破坏牴牾讲不通了。"（《东西文化及其哲学》再版，第177页）"于是我们再来看孔子从那形而上学所得的另一道理。他对这个问题，就是告诉你最好不要操心。你根本错误就在找个道理打量计算着去走。若是打量计算着去走，就调和也不对，不调和也不对，无论怎样都不对；你不打量计算着去走，就通通对了。人自然会走对的路，原不须你操心打量的。遇事他便当下随感而应，这随感而应，通是对的。要于此外求对，是没有的。"（同上书第183至184页）"孔家本是赞美生活的，所有饮食男女本能的情欲，都出于自然流行，并不排斥，若能顺理得中，生机活泼，便非常之好的；所怕理智出来分别一个物我，而打量计较，以致直觉退位，成了不仁。"（同上第188页）所有饮食男女本能的情欲，都出于自然流行，若能顺理得中，生机活泼，便非常之好，正是本文所主张者。其与梁先生所说不同之点，即在本文以为中和是"理智的判断"之结果，而梁先生则以为"只能由直觉去认定"。

关于梁先生所说，有两个问题：一，梁先生所说，果是不是孔子所说；二，梁先生所说，实际上果对不对。我们现在既非讲中国哲学史，故可专就第二问题，加以讨论。梁先生所以主张直觉能认定中和者，其根本的假定（不说是孔子之根本的假定者，因第一问题，未曾解决，故未可即归之孔子）是：宇宙大化"是不断地往前流，往前变化；又调和与不调和不能分开，无处无时不是调和，亦无处无时不是不调和者"。（《东西文化及其哲学》第173页）"我们人的生活更是流行之体，他自然走他那最对，最妥帖，最适当的路。他那遇事而感而应，就是个变化。这个变化自要得中，自要调和，所以其所应无不恰好。所以儒家说：'天命之谓性，率性之谓道'，只要你率性就好了。"（同上书第184页）这就是梁先生主张直觉生活的理论。直觉不会错的，以人之生活，自然走最对的路，而直觉又其自然的，直接的表现故。我以为人是要走那"最对，最妥帖，最适当的路"。"仁人之所忧，任士之所劳"，都是因为要走那条路。但是必待于他们去忧去劳，即足见人不能"自然"走那条路。梁先生以为人之所以不自然走那条路者，由于人"打量计算着走"，不凭直觉。但姑即假定"打量计算着走"为不对，但自"无始以来"，人既多"打量计算着走"，即又足以证明人不能"自然"走那最对的路。人既不能"自然"走那最对的路，我们何以敢断定其"所应无不恰好"呢？梁先生必以为人之所以"打量计算着走"者，因为人不凭直觉；不过梁先生所谓直觉之存在，正赖人之自然走最对的路为大前题。若大前题非事实——无论其因何而非事实——则断案之非事实，亦即随之了。

假使我们都如小说上所说神仙，想要什么立时就有什么；诸欲既能随时满足而又不相冲突，则当下即是美满人生，当然可专凭直觉，但其时也就无人谈起直觉了。但无论若何乐观的人，他总不能说我们现在的人生，就是这样美满。诸欲不易满足而又互相冲突，已如上述；即世界志士仁人所提倡之人生方法，亦五光十色，令人目眩。于此而有种种人生问题，于此而欲解决此种问题，若不依理智，将何依呢？即梁先生于诸种人生态度之中选出直觉，以为我们行为之指导者，但其所以选出直觉者，仍是理智研究之结果，一部《东西文化及其哲学》仍是理智之产物。姑即认直觉生活之果可贵，但吾人所以知直觉之可贵，理智之可贱者，仍是理智。吾人或选理智，以解决人生问题；或选直觉，以解决人生问题；所选虽不同，而选者则——同是理智。由此则可知理智在人生之地位了。

梁先生说："一般人总要推寻定理，若照他那意思看，孔家所谓'钓而不网，弋不射宿'，'君子远庖厨'，未免不通。既要钓何如网，既不网也就莫钓，既要弋就射宿，既不射宿也就莫弋，既不忍食肉就不要杀生，既杀生又何必远庖厨。"（《东西文化及其哲学》第182页）我以为即不必诉于直觉，也不见得此种办法不通。我们对于牛羊，一方面"悯其无罪而就死地"，而不欲杀之，一方面要食其肉而欲杀之。两方冲突，故有此种"掩耳盗铃"自欺欺人之办法以调和之。"君王掩面救不得，回看血泪相和流。"唐明皇何必掩面（姑假定他真会掩面，一笑）？掩面又何救于太真之死？但他不愿见其死，故佯若不见。据近来析心术派的心理学讲，人自己哄自己之事甚多，因人生不少不如意事，若再不自己哄自己，使不能满足之欲，得以发泄，则人生真要"凶多吉少"了。

八、诗与宗教

诗对于人生之功用——或其功用之一——便是助人自欺。"用尽闺中力，君听空外音。"闺中捣衣之声，无论如何大，空外岂能听见？明知其不能听见，而希望其能听见，诗即因之作一自己哄自己之语，使万不能实现之希望，在幻想中可以实现。诗对于宇宙及其间各事物，皆可随时随地，依人之幻想，加以推测解释；亦可随时随地，依人之幻想，说自己哄自己之话。此诗与散文根本不同之处。

《中庸》说："所谓诚其意者，毋自欺也。"历来道德家多恶自欺。不过自欺于人,亦是一种欲。依上所说,凡欲苟不与他欲冲突,即不可谓之恶。小孩以竹竿当马,岂不知其非真马?但姑且自以为真马,骑而游行,自己喜笑,他人也顾而乐之。其所以可乐,正在彼虽以竹竿为马,而仍自认其非真马。人生之有诗,亦如小孩之有游戏。诗虽常说自己哄自己之话,而仍自认其为自己哄自己,故虽离开现实,凭依幻想,而仍与理智不相冲突。诗是最不科学的,而在人生,却与科学并行不悖,同有其价值。

宗教(迷信即宗教之较幼稚者,今姑以宗教兼言之)亦为人之幻想之表现,亦多讲自己哄自己之道理。其所以与诗异者,即在其真以幻想为真实,说自己哄自己之话,而不自认其为自己哄自己。故科学与宗教,常立于互相反对之地位。若宗教能自比于诗,而不自比于科学,则于人生,当能益其丰富,而不增其愚蒙。蔡孑民先生祭蔡夫人文:"死而有知耶?吾决不敢信。死而无知耶?吾为汝故而决不敢信。"(原文记不甚清,大概如是)因所爱者之故,而信死者之有知,而又自认其所以信死者之有知,乃为因所爱者之故。这便是诗的态度,而非宗教的态度。若所信可以谓之宗教,则其所信即是诗的宗教,亦即合理的宗教。

近来中国有非宗教运动,其目的原为排斥帝国主义的耶教,其用意我也赞成。至于宗教自身,我以为只要大家以诗的眼光看它就可以了。许多迷信神话,依此看法,皆为甚美。至于随宗教以兴之建筑,雕刻,音乐,则更有其自身之价值。若因宗教所说,既非真实,则一切关于宗教之物,皆必毁弃,则即如"煮鹤焚琴",不免"大伤风雅"了。

孔子对于宗教的态度,似乎就是这样。《论语》云:"祭如在,祭神如神在。""如"字最妙。《礼记·祭统》云:"夫祭者,非物自外至者也,自中出于心也。"又《祭义》云:"斋之日,思其居处,思其笑语,思其志意,思其所乐,思其所嗜。斋三日,乃见其所为斋者。祭之日,入室,僾然必有见乎其位;周还出户,肃然必有闻乎其容声;出户而听,忾然必有闻乎其叹息之声。"此皆可为"如神在"三字之注释。

九、内有的好与手段的好

凡欲，就其本身而言，皆不为恶。凡能满足欲者，就其本身而言，皆可谓之"好"（此所谓好，即英文之good，谓之善亦可。不过善字所含之道德的意义太重，只是好之一种，不足以尽其义。如欲用善字，则必取孟子所说"可欲之谓善"之义）。就原理上讲，凡好皆好。有许多好，我们常以为恶者，乃因其与别种好有冲突，而未被包在和之内，非其本身有何不好也。再分之，好可有两种：一种是内有的好（intrinsic good），一种是手段的好（instrumental good）。凡事物，其本身即是可欲的，其价值即在其本身，我们即认其为有内有的好。本节开头所说之好，即是此种。严格地说，唯此种方可谓之好。不过在我们这个世界，有许多内有的好，非用手段不能得到。凡事物，我们要用之为手段以得到内有的好者，我们即认其为有手段的好。换句话说：内有的好，即欲之目的之所在；手段的好，非欲之目的之所在，但我们可因之以达目的者。唯其如此，所以世上什么事物为有内有的好，什么事物为有手段的好，完全没有一定（除少数例外）。譬如我们若以写字为目的，则写字即为内有的好；但我们若给朋友写信，则写字即成为手段的好。大概我们人生之一大部分的苦痛，即在许多内有的好，非因手段的好不能得到，而手段的好，又往往干燥无味。又一部分的苦痛，即在用尽干燥无味的手段，而目的仍不能达到，因之失望。但因为我们的欲很多，世上大部分的事物，都可认为有内有的好。若我们在生活中，将大部分手段的好，都亦认为内有的好，则人生之失望与苦痛，就可减去一大部分。"君子无人而不自得焉"，正因多数的事物，都可认为有内有的好，于其中都可"自得"。这也是解决人生问题之一个方法。

十、"无所为而为"与"有所为而为"

近来国内一般人盛提倡所谓"无所为而为",而排斥所谓"有所为而为"。用上所说之术语言之:"有所为而为",即是以"所为"为内有的好,以"为"为手段的好;"无所为而为",即是纯以"为"为内有的好。按说"为"之自身,本是一种内有的好。若非如老僧入定,人本来不能真正无为。人终是动物,终是要动的。所以监禁成一种刑罚。闲人常要"消闲",常要游戏。游戏即是纯以"为"为内有的好者。

人事非常复杂,其中固有一部分只可认为有手段的好者;然亦有许多,于为之之际,可于"为"中得好。如此等事,我们即可以游戏的态度做之。所谓以游戏的态度做之者,即以"为"为内有的好,而不以之为手段的好。我们虽不能完全如所谓神仙之"游戏人间",然亦应多少有其意味。

不过所谓以游戏的态度做事者,非随便之谓。游戏亦有随便与认真之分,而认真游戏每较随便游戏为更有趣味,为更能得到"为之好"。国棋不愿与臭棋下,正因下时不能用心,不能认真故耳。以认真游戏的态度做事,亦非做事无目的,无计划之谓。成人之游戏,如下棋、赛球、打猎之类,固有目的,有计划;即烂漫天真的小孩之游戏,如捉迷藏之类,亦何尝无目的,无计划?无目的,无计划之"为",如纯粹冲动及反射运动,虽"行乎其所不得不行,止乎其所不得不止",然以其无意识之故,于其中反不能得"为之好"。计划即实际活动之尚未有身体的表现者,亦即"为"之一部分;目的则是"为"之意义。有目的计划,则"为"之内容,方愈丰富。

依此所说,则欲"无所为而为",正不必专依情感或直觉,而排斥理智。有纯粹理智之活动,如学术上的研究之类,多以"为"为内有的好;而情感之发,如恼怒忿恨之类,其态度全然倾注于对象,正与纯粹理智之态度相反。亚力士多德以为人之幸福,在于其官能之自由活动,而以思考——纯粹的理智活动——为最完善的，最高的活动（见所著《伦理学》）。其说亦至少有一部分之真理。功利主义固重理智，然以斥功利主义之故，而必亦斥理智，则未见其对。功利主义必有所为而为，其弊在完全以"为"为得"所为"之手段。今此所说，谓当以"所为"为"为"之意义。换言之：彼以"为"为手段的好，以"所为"为内有的好；此则以"为"为内有的好，而以"所为"为使此内有的好内容丰富之意。彼以理智的计划为实际的行为之手段，而此则以理智的计划，及实际的行为，同为一"为"，而丰富其内容。所以依功利主义，人之生活，多干燥——庄子所谓"其道太觳"——而重心偏倚在外。依此所说，则人生之生活，丰富有味，其重心稳定在内。（所谓重心在内在外，用梁漱溟先生语。）

不过欲使人人皆持此态度，则颇非易事。"今也制民之产，仰不足以事父母，俯不足以畜妻子，乐岁终身苦，凶年不免于死亡。此唯救死而恐弗赡"，奚暇以游戏的态度做事哉？一个跑得汗流浃背、气喘吁吁的人力车夫，很难能以他的"为"为内有的好；非其人生观不对，乃是势使之然。我希望现之离开物质生活专谈所谓"精神生活"者，于此留意。

十一、人死

人死为人生之反面，而亦人生之一大事。"大哉死乎"，古来大哲学家多论及死。柏拉图且谓学哲学即是学死。（见 *Phaedo*）人都是求生，所以都怕死。究竟人死后是否断灭，对此问题，现在吾人只可抱一怀疑态度。有所谓长生久视之说，以为人之身体，苟加以修炼，可以长生不老，此说恐不能成立。不过人虽不能长生，而确切可以不死；盖其所生之子孙，即其身之一部继续生活者，故人若有后，即为不死。非仅人为然，凡生物皆系如此，更无须特别证明。柏拉图谓人不能长生，而却得长生之形似，男女之爱，即所以得长生之形似者。故爱之功用，在令生死无常者长生，而使人为神。（见 *Symposium*）后来叔本华论爱，更引申此义。

儒教之注重"有后"，及重视婚礼，其根本之义，似亦在此。孔子曰："天地不合，万物不生。大昏，万世之嗣也，君何谓已重焉？"（《礼记·哀公问》）孟子曰："不孝有三，无后为大。"这些话所说，若除去道学先生之腐解释，干脆就是吴稚晖先生所说之"神工鬼斧的生小孩人生观"了。

又有所谓不朽者，与不死略有不同。不死是指人之生活继续；不朽是指人之曾经存在，不能磨灭者。若以此义解释不朽，则世上凡人皆不朽。盖某人曾经于某时生活于某地，乃宇宙间之一件固定的事情，无论如何，不能磨灭。唐虞时代之平常人，与尧舜同一不磨灭，其差异只在受人知与不受人知；亦犹现世之人，同样生存，而因受知之范围之小大，而有小大人物之分。然即至小之人物，我们也不能说他不存在。中国人所谓有三不朽：太上有立德，其次有立功，其次有立言。能够立德、立功、立言之人，在当时因受知而为大人物，在死后亦因受知而为大不朽。大不朽是难能的。若仅仅只一个不朽，则是人人都能有而且不能不有的。又所谓"留芳百世，遗臭万年"，其大不朽之程度，实在都是一样。岳飞与秦桧一样的得到大不朽，不过一个大不朽是香的，一个是臭的就是了。

十二、余论

一个完全的人生观，必须有一个完全的宇宙观，以为根据。此文所根据之宇宙观，我现尚未敢把他有系统地写出；只可俟以后研究有得，再行发表。

梁漱溟先生的见解，与我的见解，很有相同之处。读者可看1922年4月份《国际伦理学杂志》中我的《中国为何无科学》一文，及我将要出版的《人生观之比较研究》，便知分晓。不过他的直觉说，我现在不敢赞成。因为梁先生的学说，在现在中国是一个有系统的有大势力的人生哲学。我起草本文，又正在他的学说最流行之地（山东省立第六中学），故我于本文，对于他所说直觉有所批评。亚力士多德说："朋友与真理，皆我们所亲爱者,但宁从真理,乃是我们的神圣的义务。"(见所著《伦理学》)至于我所说者,是否真理,则须待讨论,方能明白。我只希望我没有误会了梁先生的意思。我的批评,可以算是一个同情的讨论。

我觉得近来国内浪漫派的空气太盛了,一般人把人性看得太善了。这种"天之理想化与损道"的哲学(此名系我在我的《人生观之比较研究》中所用),我以为也有他的偏见及危险。

附录

人生哲学之比较研究
（一名天人损益论）

序　言

　　《人生哲学之比较研究》，是我在纽约哥伦比亚大学时所作之博士论文。我回国以后，很想把它赶紧用中文写出发表，无奈总是没有得到工夫。所以一面把此书之英文本先行出版；一面趁机会先发表此文，以为全书之前驱。

　　再须声明者，即此书本应名为《人生理想之比较研究》，因为普通多以哲学为大名，而以人生哲学为其一部。而此书以为哲学之目的在确定"理想人生"，故哲学即是"人生理想"。故不应于哲学之外，再立人生哲学之名。不过"人生理想"一词，在中文尚未甚通行，于一般人心中，不易引起何种感想，故此书名中仍用"人生哲学"一词。在中国现在流行诸名词中，此一词涵义尚与"人生理想"相近。

　　近几年来，学问界中最流行的，大概即所谓文化问题了。自有所谓新文化运动以来，我们时常可在口头上听到，或在文字上看见"文化""文明""东西文化"等名词，及关于它们之讨论。我们生在这个欧亚交通的时代，有过许多前人所未有之经验，见过许多前人所未见之事物。这些事物，大约可分为两种：一种是我们原有者，一种是西洋新来者。

它们是很不相同,而且往往更相矛盾,相冲突。因此,我们之要比较、批评、估量它们,乃是一种自然的趋势。"人生理想之比较研究",便是此种趋势之产物。

一、对于唯物史观之批评

历史有二义:一是指事情之自身,一是指事情之记述。换言之,所谓历史者,或即是其主人翁之活动之全体,或即史学家对于此活动之记述。历史哲学所说之历史,即依其第一义。一民族之历史,是常变的,而各民族之历史,又极不相同。有一派历史哲学,"相信只有客观的物质原因,可以变动社会,可以解释历史,可以支配人生观,这便是'唯物的历史观'"(《科学与人生观》陈独秀序第2页)。陈独秀先生又说:"唯物史观的哲学,也并不是不重视思想文化宗教道德教育等心的现象之存在,惟只承认它们都是经济基础上面之建筑物,而非基础之本身。"(同上书第37页)近几年来,马克思的经济史观,随着他的国家社会主义,在中国颇为流行。我以为一时代的经济情形,对于其时代之文化等,甚有影响。此诚无人否认。然吾人试想,于天空地阔之天然界内,依何因缘,忽有所谓经济情形?沙漠与森林,同为天然界之物,何以其一无经济的价值,而其他则有?假使宇宙之内,本无人类,则恐只有天然情形,而无所谓经济情形,而所谓经济的价值,更无由成立。一切事物,必依其对于人之物质的需要及欲望之关系,始可归之于经济范围之内。故凡言经济,则已承认有"心的现象"——欲望等——之先行存在。人皆求生活,而又求好的生活——幸福,以及最好的生活——最大的幸福。凡人所做之事物,如所谓经济、宗教、思想、教育等,皆所以使人得生活或好的生活者。陈独秀先生以知识思想言论教育等皆经济的儿子(同上书第41页)。以我之见,则经济及知识思想言论教育等皆人之欲之儿子。人因有欲,所以活动,此活动即是历史,而经济知识等,则历史各部分之内容。实际上之历史如是,所以史学家写出之历史,亦有通史,有专史。通史之对象，即是上述之历史；专史之对象，即上述历史各部分之内容。

至于地理气候等，于历史自有相当影响；但此等环境，皆所以使历史可能，而非所以使历史实现。它们如戏台，虽为唱戏所必需之情形，而非唱戏之原因。梁漱溟先生《东西文化及其哲学》内，关于此点，大有诤论。不过梁先生于彼有"大意欲"之假定，我此书则但以人之欲为历史之实现者。"大意欲"是个宇宙的原理，其存在是一部分哲学家之假定；人之欲是心理的现象，其存在是人人所公认的事实。

二、哲学之目的

最好的生活，即所谓理想人生（ideal life）。最大的幸福，即所谓唯一的好（the good）。关于好之意义，在《一种人生观》一文中已详。今但说：若使此世诸好，人皆能得到，而不相冲突，则人生即无问题发生。如"腰缠十万贯，骑鹤下扬州"，果为可能之事，则理想人生，当下即是，而亦即无人再问何为理想人生。无奈此诸种之好，多不相容。于是人乃于诸好之中，求唯一的好，于实际人生之外，求理想人生。哲学之功用及目的，即在确立一理想人生，以为批评实际人生，及吾人行为之标准。哲学即所谓"人生理想"（life ideal）。

哲学与科学之区别，即在科学之目的在求真，而哲学之目的在求好。近人对于科学与哲学所以不同之处，有种种说法。有谓哲学与科学之区别，在其所研究之对象不同。例如哲学之所研究，乃系宇宙之全体；而科学之所研究，乃系宇宙之一部。然宇宙之全体，即其各部所集而成。科学既将宇宙各部，皆已研究，故哲学即所以综合各科学所得不相联之结论，而成为有系统的报告。然如此则所谓哲学者，不过一有系统之"科学概论"，"科学大纲"而已。"科学大纲"名曰哲学，虽无不可；然此所谓哲学，实与希腊罗马以来所谓哲学，意义大别。又有所谓哲学与科学之区别，在其方法不同。科学的方法，是逻辑的，是理智的；哲学的方法，是直觉的，反理智的。不过关于所谓直觉，现在方多诤论。我个人以为凡所谓直觉、顿悟、神秘等经验，虽有其甚高的价值，但不必以之混入求知识之方法之内。无论哲学科学，皆系写出或说出之道理，皆必以"严刻的理智态度"表出之。其实凡著书立说之人，无不如此。故佛家之最高境界，虽"不可说，不可说"，而有待于证悟，然其因明论理与唯识心理，仍是"严刻的理智态度，走科学的路"。故谓以直觉为方法，吾人可得到一种神秘经验［此经验果与"实在"（reality）符合否是另一问题］则可；谓以直觉为方法，吾人可得到一种哲学则不可。换言之，直觉能使吾人得到一种经验，而不能使吾人得到一个道理。一个经验之本身，无所谓真妄。一个道理，是一个判断，判断必合逻辑。各种学说之目的，皆不在叙述经验，而在成立道理。故其方法，必为逻辑的，科学的。近人不明此故，于科学方法，大有诤论；其实所谓科学方法，实即吾人普通思想之方法之较认真较精确者，非有何奇妙也。唯其如是，故反对逻辑及科学方法者，其言论"仍旧不曾跳出赛先生和逻辑先生的手心里"（胡适之先生说张君劢语）。以此之故，我虽承认直觉等经验之价值，而不承认其为哲学方法。

我个人所认为哲学之功用及目的，既如上述，则其与科学之不相同，显然易见。如此说法，并不缩小哲学之范围。哲学之目的，既在确定一理想人生，以为吾人在宇宙间应取之模型及标准，则其对于宇宙间一切事物，以及人生一切问题，当然皆须有甚深研究。故凡一哲学，必能兼包一切；而一真正哲学系统，必如一枝叶扶疏之树，于其中宇宙观、人生观等，皆首尾贯彻，打成一片。本书中所述十余家之哲学，莫不如是。若一细看，便可了然。

三、理想与行为

近人皆以真好美（truth, good, beauty。普通作真善美，然善义太狭，不足以尽 good 之义，前已详）并称，而实不然。吾人若以真美为好，必吾人先持一种哲学，其所认为之唯一的好，包有真美二者。如吾人从宋儒之说，以研究外物为玩物丧志，则吾人当然即无有科学以求真，亦不注重美术以求美。今人动以真与美之为好为不成问题，盖吾人生存于时代空气之内，已持一种哲学而不自觉耳。

梁漱溟先生说胡适之先生主张"零碎观"（见1923年11月16日《晨报副刊》）。胡先生于《读东西文化及其哲学》中说："人类的生理的构造根本上大致相同，故在大同小异的问题之下，解决的方法，也不出那大同小异的几种。这个道理，叫做'有限的可能说'。"（《读书杂志》第八期）以下他列举诸种问题，如饥饿的问题，御寒的问题，家庭的组织等等，好像是各有各的解决，绝不相谋。我以为人对于各种问题之解决方法，皆因其所持之哲学不同而异。如有人以生活之充分的发展为最高的满足，当然他对于一切问题，有一种解决方法。又如有人以"无生"为最高的满足，当然他对于一切问题，又有一种解决方法。故如饥饿的问题，有如杨朱派之大吃狂饮解决之者，有如和尚之以仅食植物解决之者，有如印度"外道"之以自饿不食、龁草食粪解决之者。其解决不同，正因其所持哲学有异。

人皆以求其所认为之唯一的好为目的。人之行为，本所以实现其理想。无论何人，莫不如是，特因其所认为之唯一的好有异，故其行为亦不相同。个人如是，民族亦然。故中世纪之欧洲人，皆以奥古斯丁（St. Augustine）之"天城"（City of God。奥古斯丁所著书名）为唯一的好。及近世纪，则皆以培根（Francis Bacon）所说之"人国"（Kingdom of Man。培根所著《新方法》书中语）为唯一的好。因之，他们即有不同的历史，不同的文化。我作此书之动机，虽为研究文化问题，而书中只谈及哲学，其故在此。

四、东方与西方

梁漱溟先生以为各民族，因其所走的路径之不同，其文化各有特征；而胡适之先生则以某一民族，在某一时代，对于问题所采用之"解决的样式"不同，所以某一民族，在某一时代的文化表现某一特征（见《读书杂志》第八期）。关于此点，胡先生之见为长。其实梁先生及现在一般人所说之西方文化，实非西方文化，而乃是近代西方文化。若希腊罗马之思想，实与儒家之思想，大有相同之处。智、勇、"有节"及"和"（justice。普通译作"公道"，但非柏拉图用此字之义）为柏拉图所说四大德（见所著《理想国》）；"中"及"无所为而为"，为亚力士多德所提倡人生之大道（见所著《伦理学》）。罗马时代最流行的斯多噶派（Stoicism）之思想，与横渠《西铭》所说，竟大致相合。所谓奋斗向前的态度，即我书中所谓进步主义，实西方近代之产物，未可即以秃头的西方文化名之。我承认人类之生理的构造及心理，根本上大致相同，所以各种所能想得到的理想人生，大概各民族都有人想到，所差异只在其发挥或透彻，或不透彻，在其民族的行为——历史——上或能或不能有大影响而已。我书中特意将所谓东西之界限打破，但将十样理想人生，各以一哲学系统为代表，平等地写出，而比较研究之。至于一时因某种哲学得势而有某种之历史，某种之文化，则为"孽镜台"之历史（记述事情的历史）自然照出，不必空言诤论。

五、哲学与经验

哲学家亦非能凭空定一理想人生。其理想之内容，必取材于实际上吾人之所经验。吾人所经验之事物，不外天然及人为两类：自生自灭，无待于人，是天然的事物；人为的事物，其存在必倚于人，与天然的恰相反对。吾人所经验之世界上，既有此两种事物，亦即有两种境界。现在世界，有好有不好。哲学家中有以天然境界为好，以人为境界为不好之源者；亦有以人为境界为好，而以天然境界为不好之源者。如老子说，"绝圣弃智，民利百倍；绝仁弃义，民复孝慈；绝巧弃利，盗贼无有"；主张返于"小国寡民"的乌托邦。而近代西洋哲学家，则有主张利器物，善工具，战胜自然，使役于人。其实两境界皆有好的方面及不好的方面。依老子所说，小国寡民，抱素守朴，固有清静之好；然亦有孟子所谓"洪水横流，草木畅茂，禽兽逼人"之不好。主战胜自然者所理想之生活富裕，用器精良，固有其好；但五色令人目盲，五声令人耳聋，老子之言，亦不为无理。此皆以不甚合吾人理想之境界为理想境界。此等程序，谓之理想化。

二派所定之目标不同，故达之之道亦异。理想化天然境界者，谓不好起于人为，欲好须先去掉人为，其目的在损。理想化人为境界者，谓天然界本来不好，欲好须先征服天然，其目的在益。我书名所标"天""人""损""益"，其意如此。

又有我所谓"天人之调和与中道"者，以天然人为，本来不相冲突。人为乃所以辅助天然，而非反对或破坏天然。现在之境界，即是最好。现在活动，即是快乐。此三派，皆所以为吾人定一理想人生，于其中吾人可得最高的满足。其目的同，特其所认为好者不同，故一切皆异耳。

不过属于所谓天之理想化与损道诸哲学，虽皆主损，而其损亦自有程度之差异。上说中国道家老庄之流，即以为纯粹天然境界之自身，即为最好；于现在境界，减去人为，即为至善。柏拉图则以为于现在感觉世界之上，又有理想世界，可思而不可见。佛家所说最高境界，则不惟不可见，亦且不可思。又如属于所谓人之理想化与益道诸哲学，虽皆主益，而其益亦有程度之不同。如杨朱之流，仅主求目前快乐。墨子则牺牲目前快乐，以求富庶。至培根、笛卡儿之流，则主张战胜天然，以拓"人国"。故佛教为天之理想化一派之极端，而西洋近代进步主义，则为人之理想化一派之极端。孔子说天及性，与道家所说道德颇同；不过以仁义礼乐，亦为人性自然之流露。亚力士多德立意联合柏拉图所说之感觉世界及理想世界。宋元明诸子，求静定于日用酬酢之间。西洋近代，注重"自我"，于是我与非我，界限太深。海格尔之哲学，乃说明我与非我，是一非异。绝对的精神，虽创造而实一无所得。合此十派别，而世界哲学史上所已有之人生理想乃备。此但略说。至其详尽，书中自明。

六、近代科学与耶教

近来一般人，对于近代科学之起源，皆有解释。梁漱溟先生以为科学之起，源于欧洲近代之人生态度。至于此等人生态度，他以为即是欧洲人所批评的重提出之希腊态度。我以为希腊罗马哲学家所提倡之人生态度，与孔子所提倡者，颇有相同，与培根、笛卡儿、飞喜推等所提倡者，则大不相类。我所谓之进步主义，在已往历史中，实为特出无伦。我以为此种态度，乃从欧洲中世纪蜕化而来。

在欧洲中世纪，耶稣教最有势力。耶教和其他宗教及带宗教色彩的哲学比较起来，有种种特点。其他宗教及带宗教色彩的哲学，说人与本体原是一类或一个；而耶教则以为上帝是造世界者，人及世界，是被造者，其中没有内部相连带的关系。其他宗教及带宗教色彩的哲学，说本体是一种道理，而耶教则主有人格的上帝。其他宗教及带宗教色彩的哲学，虽然也说人们原来有一良好的境界，现在人都应该回到那个境界，但他们所说的境界，都不是具体的。而耶教所说的天国，却是具体的。他所说那个天国，真与现在世界一样，但人在其中，可以不劳力而即能享受。还有一层，其他宗教及带宗教色彩的哲学，说人有自由的意志，可以回到原始的好境界，如佛家所谓"放下屠刀，立地成佛"。而耶教则谓人没有自由的意志，若要回到天国，非上帝施恩不可。凡此皆耶稣教之特点。耶教所说上帝，有人格而全智全能。因此暗示，西洋近代进步主义，遂有一根本观念，以为人可以知道及管理可知的（intelligible）及可治的（manageable）天然界。他们以为在将来可以有个完善的境界，在其中，人可以不劳而获。这也是耶教所说天国暗示。他们本来受耶教之影响很深，不过他们见上帝专制太厉害，人既没有自由可以回到天城，所以只可自己出力，建立人国。但人如欲开拓人国，对于天然，须有智识及权力。唯其如此，所以需要科学。盖科学一方面为对于天然之知识（knowledge of nature），一方面为对于天然之权力（power of nature，飞喜推语）。

培根、笛卡儿为近代科学之先锋，其注重科学之动机，实可证明以上所说之假定。详在书中，今不具说。

七、多元的宇宙

哲学于诸好之中，求唯一的好。故凡哲学所说之唯一的好，皆至少为一种的好——诸好之一。故一哲学所说之好，若仅认其为一种的好，则即无人能否认其为好。谁能说道家所提倡之小孩式的天真烂漫不是一种好？谁能说西洋近代进步主义所提倡之英雄式的发扬蹈厉不是一种好？不过一哲学常理想化自己所提倡之一种的好，而使之为唯一的好。种种诤论，皆由此起。

所以哲学家多有所蔽。荀子说："墨子蔽于用而不知文，宋子蔽于欲而不知得，慎子蔽于得而不知贤，申子蔽于势而不知智，惠子蔽于辞而不知实，庄子蔽于天而不知人。"（《解蔽篇》）又说："慎子有见于后，无见于先；老子有见于诎，无见于信；墨子有见于齐，无见于畸；宋子有见于少，无见于多。"（《天论篇》）哲学家之所以有所蔽，正因其有所见。梁漱溟有段话说："翻过来说，我们（梁先生与陈独秀、胡适之）是不同的，我们的确是根本不同的。我知道我有我的精神，你们有你们的价值。然而凡成为一派思想，均有其特殊面目，特殊精神。——这是由他倾全力于一点，抱着一点意思去发挥，而后才能行的。当他倾全力于一点的时候，左边，右边，东面，西面，当然顾不到，然他的价值正出于此。要他面面圆到，顾得周全，结果一无所就，不会再成有价值的东西。却是各人抱各自那一点去发挥，其对于社会的尽力，在最后的成功上还是相成的——正是相需的。"（1923年11月8日《晨报副刊》）。本书所述诸哲学所说之好，皆至少为一种的好，所以相对的皆不为误谬。至于我所认为之最后的成功，唯一的好是一大和，各种好皆包在内（详见《一种人生观》）。"万物并育而不相害，道并行而不相悖，小德川流，大德敦化，此天地之所以为大也。"